AF635633

BMW KLASSIKER

BEST OF *RENÉ STAUD*

René Staud / Halwart Schrader

Motor buch Verlag

Einband-/Innengestaltung Luis dos Santos
unter Verwendung von Fotos aus den Archiven von René Staud.

Bildnachweis: Bilder stammen, wenn nicht anders vermerkt, aus
den Archiven von René Staud.
Die Rechte an den Bildern verbleiben beim Urheber.
Texte: Halwart Schrader
Redaktion/ Interview: Sebastian Quillmann

Wir danken René Staud sowie den Mitarbeitern der Staud Studios
für ihren Einsatz bei der Erstellung dieses Buches.

Eine Haftung des Autors oder des Verlages und seiner
Beauftragten für Personen-, Sach- und Vermögensschäden
ist ausgeschlossen.

ISBN 978-3-613-04364-0

Copyright © by Motorbuch Verlag, Postfach 103743,
70032 Stuttgart.
Ein Unternehmen der Paul Pietsch-Verlage GmbH & Co. KG

1. Auflage 2021

Nachdruck, auch einzelner Teile, ist verboten. Das Urheberrecht
und sämtliche weiteren Rechte sind dem Verlag vorbehalten.
Übersetzung, Speicherung, Vervielfältigung und Verbreitung
einschließlich der Übernahme auf elektronische Datenträger wie
DVD, CD-Rom usw. sowie Einspeicherung in elektronische Medien
wie Internet usw. ist ohne schriftliche Genehmigung des Verlages
unzulässig und strafbar.

Druck und Bindung: Graspo CZ, 76302 Zlín
Printed in Czech Republic

Sie finden uns im Internet unter
WWW.MOTORBUCH-VERLAG.DE

KLASSIKER

RENÉ STAUDS BMW KLASSIKER

Nicht am Filmset, sondern in den Staud Studios in Leonberg: der BMW Z8 aus dem James-Bond-Film »Die Welt ist nicht genug« (ab Seite 144).

Der 8er BMW von Tuner Hartge mit dem Studio-Equipment: Das Podest, der Hintergrund und die Lichtsegel schaffen die Stimmung des kunstvollen Bildes (auf Seite 124).

Was bedeutet BMW für Sie? Welche Fahrzeuge haben Ihr Bild der Marke geprägt?

Mein Bild von einem BMW ist eine sportliche Limousine, technisch solide, dynamisch zu fahren und oft ein Stück weit innovativer als die Konkurrenz. Dieses Bild ist geprägt von den Modellen, an die ich mich aus meiner Jugendzeit erinnere, zum Beispiel von dem 1600er, den der Vater meines besten Freundes fuhr. Neben Mercedes und Porsche gab es nicht viele Marken, die man in den 1970er Jahren in Stuttgart wirklich wahrgenommen hat. BMW stach heraus durch Zuverlässigkeit und den hervorragenden Ruf, den der Service der hiesigen Niederlassung hatte. Später habe ich erkannt, wie fortschrittlich BMW bei der Entwicklung seiner Fahrzeuge war. Sie brachten Neuerungen oft schneller auf den Markt als andere. Es gab immer ein gewisses Wettrennen zwischen BMW und Mercedes.

Mein Schwiegervater hatte einen 6er BMW (E24), einen CSi, den ich öfter mal ausgeliehen habe. Die zum Fahrer gedrehte Mittelkonsole hat mich beeindruckt – und erst die vielen Knöpfe, die nachts alle geleuchtet haben. Mein erster eigener BMW war ein 3er, den ich mir 1983 zulegte. Der hatte den kleinen 1,6-Liter-Motor. Später hatte ich einen 323i. Besonders gerne denke ich allerdings an ein Fahrzeug, dass ich viel später gefahren habe, meinen 1er BMW, ein 135i mit über 300 PS. Ein unglaubliches Auto, mit dem ich sehr viel Spaß hatte. Ein kleiner Wagen, dem man von außen nicht unbedingt ansieht, wie gut der geht – und gerade das verleitet dazu, es immer wieder zu beweisen.

Mittlerweile fahre ich einen BMW X5 Hybrid. Ich habe auch andere SUV ausprobiert, ob nun Porsche Cayenne, Mercedes GLC oder den Maserati Levante, aber die Bedienung des X5 erschien mir persönlich einfach am intuitivsten. Da konnte ich nach einer Minute telefonieren, nach zwei Minuten navigieren und bin bei der ersten Fahrt nicht einmal rechts rangefahren, um nachzusehen, wie irgendetwas funktioniert. Der vielleicht schönste aktuelle BMW ist in meinen Augen übrigens das 8er Gran Coupé.

Hatten Sie auch die Gelegenheit, einige Klassiker zu fahren, die in Ihrem Studio waren?

Einen 507 Roadster durfte ich fahren. Es war kein Fahrzeug von BMW, sondern gehörte einem Händler. Das ist natürlich eine Speerspitze des klassischen Automobilbaus, einer der ganz großen Würfe, die BMW gelungen sind. Ein sehr souveränes Fahrzeug, vor allem, wenn man bedenkt, aus welcher Zeit es stammt. Das bedeutet natürlich auch, dass man ihn entsprechend respektvoll bewegen muss, weil er weniger Fehler verzeiht als heutige Fahrzeuge. Ich vergleiche das mit dem 300 SL von Mercedes: Für diese Wagen musste man fahren können, da war der Schutzengel noch nicht mit einprogrammiert wie heute.

Grundsätzlich garantiere ich unseren Kunden allerdings, dass die Fahrzeuge weder angelassen noch gefahren werden. Die Wagen werden im Studio ausschließlich gerollt.

Die Vielfalt wertvoller Klassiker, die Sie fotografieren durften, ist auffällig. Wie kommen Sie an solche Fahrzeuge?

Viele der Fahrzeuge in diesem Buch kamen durch ein Kalender-Projekt mit BMW Classic ins Studio. Da hat BMW natürlich seine größten Schätze nach Leonberg gebracht. Ich wüsste nicht einmal, ob die heute noch für ein Shooting verladen würden. Gerade die 328er, die bei der Mille Miglia 1940 erfolgreich waren, sind ja schier unbezahlbar. Allein das Coupé, das seinerzeit das Rennen gewonnen hat: Dieser Wagen gehört – wie das Mercedes 300 SLR Uhlenhaut-Coupé – zu einer Kategorie von Fahrzeugen, für die manche Leute ihr Schloss verpfänden würden. Das sind, von ihrem Wert einmal abgesehen, aufgrund ihrer historischen Bedeutung schlicht unverkäufliche Fahrzeuge. Die gibt man nicht her, die werden beschützt wie Kinder.

Solche Autos stehen im Museum oder einem Tresorraum, und für Ausstellungen gibt mancher nur Duplikate heraus. Doch bei mir im Studio waren die Originale. Der Grund, warum man mir diese Fahrzeuge anvertraut hat, ist folgender: Für die Qualität meiner Aufnahmen brauche ich die technische Ausstattung und die kontrollierten Bedingungen, die ich nur in meinem Studio habe. Das geht in keiner fremden Halle.

Übrigens stammen längst nicht alle Fahrzeuge in diesem Buch von BMW. Den M1 habe ich zum Beispiel für ein Shooting organisiert, das ich für einen Hersteller von Fahrzeuglacken gemacht habe. Da habe ich erst einmal gemerkt, wie schwierig es ist, an einen M1 heranzukommen. Diesen bekam ich schließlich leihweise von einem passionierten Sammler aus Heidelberg.

Und dann gibt es natürlich auch Sammler, die ihre Wagen zu mir ins Studio bringen, oft für eigene, hochwertige Bücher. Wer solche Fahrzeuge besitzt, der scheut auch keinen Aufwand, seine Sammlung angemessen dokumentieren zu lassen.

Und wie kamen Sie dazu, die berühmten BMW Art Cars zu fotografieren?

Ich hatte sie nicht alle im Studio, aber einige. Die Art-Car-Serie ist ja legendär und wird immer noch weiter fortgesetzt. Es sind buchstäblich einzigartige Fahrzeuge; jedes gibt es so nur einmal. Ich habe sie nicht im Auftrag für BMW fotografiert, sondern für eine Ausstellung im Automuseum Prototyp in Hamburg, mit dem wir schon mehrfach kooperiert haben.

Für mich als Fotograf und für mein Team ist ein solches Art Car ja schon fast kein Auto mehr, sondern ein Kunstgegenstand. Automatisch gewinnt so auch das Foto einen künstlerischen Wert. Es

BMW Frankreich hat eine Sonderedition der R nineT Scrambler von René Stauds Team im Stil der Michel-Vaillant-Comics fotografieren lassen (ab Seite 222).

ist dann keine nackte Produktabbildung, sondern wird selbst zur Kunst.
Ich schätze solche Kooperationen sehr. Gerade entsteht ein neues Projekt mit einer Künstlerin auf Mallorca.

Was ist das für ein Projekt? Mögen Sie darüber schon etwas sagen?

Ja, gerne. Der Kontakt kam durch meinen Galeristen auf Mallorca zustande, der meine Auto-Fotografien verkauft – und eben auch Bilder dieser Künstlerin. Sie gibt Farben in einem Wassertank auf die Wasseroberfläche und verrührt die schwimmende Farbe, sodass Muster entstehen. Dann zieht sie einen zuvor versenkten Papierbogen hoch und fängt das farbige Muster ein. Ich habe sie angesprochen, ob man das nicht auch mit einem Auto machen könnte. Ich habe ihr ein Modellauto gegeben, mit dem sie Versuche macht. Sobald das Projekt mit einem echten Auto Gestalt annimmt, möchte ich es als Fotograf begleiten.

In diesem Buch zeigen Sie nicht nur Autos, sondern auch Motorräder von BMW. Haben Sie selbst einen Bezug dazu?

Ich habe zu Motorrädern nie eine Beziehung als Fahrer aufbauen können. Das hängt mit einem Schwur zusammen, den ich als 16-Jähriger meiner Mutter geben musste. Im Kreis meiner Freunde, von denen einige drei, vier Jahre älter waren als ich, kam es zu schweren Unfällen mit Motorrädern. Das hat meine Mutter natürlich mitbekommen und gesagt, ich könne mir alles erlauben, nur sollte ich bitte keinen Motorrad-Führerschein machen. Ich habe das dann auf meine Art kompensiert, indem ich den Flugschein machte und privat als Pilot geflogen bin.
So kam es, dass mir Motorräder zwar nach wie vor sehr gut gefallen, ich aber zum Beispiel ihr Fahrverhalten nicht bewerten kann. Für mich als Fotograf sind sie ein statisches, technisches Gebilde. Ich inszeniere sie wie eine Skulptur, zum Beispiel die R68 in diesem Buch. Ich habe sie von oben fotografiert, wie sie der Fahrer üblicherweise nicht zu sehen bekommt, und ganz gerade aufgestellt, nicht schräg auf dem Seitenständer. So sieht man nicht nur, wie filigran ein Motorrad an sich gebaut ist, sondern man erkennt auch technische Details wie die asymmetrische Anordnung der Zylinder, die dem Laien sonst gar nicht auffällt.
Ein ausgewachsenes Motorrad habe ich also nie gefahren. Ich hatte bloß ein Moped, eine Honda SS 50, die heute noch über dem Besprechungsraum im Studio steht. Aber mit 18 Jahren war bei mir das Zweirad-Thema beendet. Zumindest bis ich mir vor gefühlt fünf Jahren auf Mallorca eine Vespa zugelegt habe, allerdings bewusst eine mit nur 50 Kubik.

LICHT FLIESST VON ZAUBERHAND

Die Studio-Aufnahmen von René Staud betonen durch Lichtreflexe die fließenden Formen der Karosserie eines Autos, was auch den Britischen Klassikern zugutekommt, die in diesem Buch abgebildet sind. Das Geheimnis hinter der Brillanz seiner Bilder ist sein Lichtsystem »Magicflash«.

Was ist das Besondere an Magicflash?

Ein Fahrzeug ist meist hochglänzend lackiert, verzeiht also keine falschen Lichtreflexe. Einen Menschen, ein Möbel oder eine Landschaft kann ich schon mit dem bestehenden Licht mehr oder weniger schön fotografieren. Beim Auto ist hingegen jede vorhandene Lichtquelle schädlich. Da muss ich sehr große Lichtflächen einsetzen, um die Form herauszuarbeiten, damit sie überhaupt anfängt, zu fließen. Deshalb habe ich die Flächenlichttechnik fürs Auto entdeckt und technisch weiterentwickelt.
Magicflash basiert auf dem physikalischen Effekt, dass sich gleichmäßiges Licht im Fahrzeug in gleichmäßigen Reflexen einspiegelt. Man kann das selber sehen, wenn man kurz nach Sonnenaufgang oder -untergang ein Fahrzeug unter wolkenlosen Himmel stellt: Er spiegelt sich gleichmäßig im Lack. Ich habe diese Grundregel schon sehr früh in der Produktfotografie genutzt. Das waren meist Aufnahmen in einem synthetischen Umfeld – schwarzer Kugelschreiber auf schwarzem Acrylglas, liegend. Das flächige Licht spiegelte sich im Stift ein, aber nur an bestimmten Krümmungen, und oft zusätzlich im Hintergrund, was zu einer tollen, dreidimensionalen Bildtiefe führte.
Diesen Effekt versuchte ich auf Fahrzeuge zu übertragen und habe sehr schnell lernen dürfen, dass ich dafür eigene Lichtquellen bauen muss, deren Lichtaustrittsfläche absolut gleichmäßig leuchtet – im Prinzip wie ein großer Dia-Leuchtkasten. Ich baute Lichtwannen mit vielen Blitzröhren, die gleichzeitig und mit einer hohen Lichtausbeute abstrahlen. Dabei ergibt sich als positiver Nebeneffekt eine ganz kontrollierte Farbtemperatur: Die Lackfarben kommen im Bild so heraus, wie ich sie auch mit dem Auge bei Tageslicht wahrnehme.
Ich musste für bestimmte Fahrzeuge und Winkel eigene Hilfsmittel bauen, bis hin zu größeren oder anders proportionierten Lichtwannen.

Dieser BMW X5 gerät wie von Zauberhand fotografisch in eine Gletscherhöhle (auf Seite 166).

René Staud und sein Team auf Foto-Reise mit dem BMW i8 in den italienischen Alpen (ab Seite 178).

Der Fotograf in einem Schatz des BMW-Museums: René Staud und das BMW 328 Touring Coupé der Mille-Miglia-Sieger von 1940 (auf Seite 58/ 59).

RENÉ STAUD – VITA

- Als Kind beginnt der 1951 geborene René Staud, die Holzbildhauer-Arbeiten seines Vaters mit dessen Kamera zu dokumentieren.
- 1963 gewinnt der Zwölfjährige bei einem Fotowettbewerb des Stuttgarter Jugendzentrums vier der fünf ersten Preise.
- Mit 14 Jahren richtet er sein erstes Schwarz-Weiß-Fotolabor ein.
- Mit 15 Jahren verdient er sein Taschengeld mit Fotos von Tanzveranstaltungen.
- Mit 16 fotografiert er auf Porsche-Clubtreffen die Autos der Mitglieder; für Portraits von Ferdinand Porsche erhält er ein persönliches Dankesschreiben.
- Mit 17 beginnt er eine Fotografenlehre.
- Als 20-Jähriger entdeckt ein Bauunternehmer ihn als Fotografen für seine Projekte.
- Seit 1973 arbeitet René Staud als selbständiger Produkt- und Werbefotograf.
- 1975 übernimmt der 24-Jährige ein großes Fotostudio in Wendlingen.
- Staud spezialisiert sich auf Automobilfotografie und entwickelt sein Magicflash-Studiolichtsystem, das ihm Aufträge von Daimler-Benz und Porsche einbringt.
- 1986 nimmt er sein bis heute bekanntes Fotostudio in Leonberg in Betrieb.

VORWORT

Eine starke Faszination kennzeichnet die Produkte der bajuwarischen Marke BMW seit Anbeginn. Konventionelles Mittelmaß oder ein am Massenmarkt orientiertes Industrieschema hat es unter dem weiß-blauen Signet, das seit 1923 für Motorräder und seit 1929 für Automobile steht, niemals gegeben.

Ein BMW war zu keiner Zeit nur irgendeine Fahrmaschine mit austauschbarer Identität, und der berühmte Slogan von der »Freude am Fahren« konnte kaum zutreffender gewählt werden. Sich für BMW zu entscheiden, bedeutete oft genug, die bessere Alternative erkannt zu haben.

Faszination BMW: Mit Begeisterung habe ich René Stauds Bitte entsprochen, seine fotografischen Meisterwerke durch Ausführungen zu ergänzen, die den in diesem Buch gezeigten Objekten gewidmet sind., denn gerade mit der Marke BMW verbindet mich eine nunmehr sechzig Jahre währende Passion. Ich bin davon überzeugt, dass Sie diese mit mir teilen.

Seit vielen Jahren genießt René Staud internationales Renommee als Großmeister der technisch-ästhetischen Automobilfotografie. Seine Kunstwerke zeichnen sich durch spannungsreiche Licht-und-Schatten-Verteilungen aus, die mit Sorgfalt ausgewählte Akzente setzen und den Blick gezielt auf die Besonderheiten seiner fotografischen Objekte lenken. Seine handwerklich an Perfektion kaum zu überbietende Arbeitsweise kommt bei den BMW-Klassikern, die René Staud für diesen Bildband ausgewählt hat, hervorragend zum Ausdruck.

Ihr
Halwart Schrader

AUTOMOBILE

Der 3/15 PS war keine BMW-Eigenentwicklung, sondern ein Dixi der Fahrzeugfabrik Eisenach. Der wiederum war ein Lizenzbau des seit 1922 in England gebauten Austin Seven.
Foto: BMW AG

STARTUP: BMW 3/15 PS

Der erste BMW war eigentlich ein kleiner Dixi, und dieser Dixi war ein englischer Lizenz-Austin. Der war seit 1922 in England ein Riesenerfolg. Als Typ DA1 (die Buchstaben standen für »Deutsche Ausführung«) wurde der 750-ccm-Vierzylinder ab Dezember 1927 in der seit 1898 bestehenden Eisenacher Fahrzeugfabrik hergestellt.

Mit dem gut verkäuflichen DA1 wurde die Fließbandfertigung aufgenommen, was relativ hohe Stückzahlen ermöglichte. Bis zur Übernahme der Fabrik durch die Bayerischen Motoren Werke wurden 6162 Stück produziert, ab Juli 1929 weitere 3146.

Mit dem flotten Austin-Dixi, der als Roadster nur 2750 Mark kostete, wurden Käuferkreise erschlossen, die bisher nur von den Herstellern Hanomag und Opel angesprochen worden waren. Immer mehr Haushalte des so genannten Mittelstands leisteten sich die Anschaffung eines Autos, ein Entschluss, der durch Kreditprogramme erleichtert wurde.

Ab Juli 1929 rangierte der 3/15 PS als BMW. Die bis Juli 1931 gebauten Fahrzeuge nannten sich DA2, die danach hergestellten DA4. Die Bezeichnung DA3 blieb dem Sportwagen »Wartburg« vorgehalten. Einschließlich des Sportmodells wurden 15.948 Stück produziert.

Der Wunsch nach mehr Motorleistung stand hinter der Absicht, mit dem BMW 3/20 PS an den Erfolg des 3/15 PS anzuknüpfen. Der auch etwas geräumigere Wagen mit seinem 788-ccm-Motor wurde vom März 1932 bis Oktober 1934 gebaut. Der Motor war eine Neukonstruktion mit hängenden Ventilen, vor allem wies der Wagen einen Zentralkastenrahmen mit hinteren Schwingachsen auf. Einen Teil der Karosserien ließ BMW bei Daimler-Benz in Sindelfingen produzieren, wo man um Aufträge sehr verlegen war, auch wurde der 7215 mal gebaute 3/20 PS durch Mercedes-Händler angeboten – eine Konstellation, die in der BMW-Geschichte einmalig blieb...

Der BMW 3/15 PS Wartburg Roadster bei einem Rennen im Jahr 1931. Foto: BMW AG

Ein Jahr nach der Vorstellung des ersten BMW-Sechszylinderwagens vom Typ 303 erschien der Typ 309 mit gleicher Karosserie, aber kostengünstigerem Vierzylinder-Reihenmotor.

MEILENSTEIN: BMW 309

Ab 1936 entstanden unter der Marke BMW nur noch Wagen mit Sechszylindermotor. Gebaut wurden sie sämtlich im Werk Eisenach. Der Einstieg in das anspruchsvolle Segment hatte allerdings auch weniger Verkäufe zur Folge. BMW rutschte 1934 in den Zulassungszahlen von Platz drei auf Platz sechs, ein Jahr später auf Platz sieben und konnte sich ab 1938 gerade noch auf Platz acht halten. Dafür stieg das Renommee von BMW beträchtlich, die motorsportlichen Erfolge der Wagen waren spektakulär.

1933 war mit dem BMW 303 das erste Modell einer langen und ruhmreichen Tradition von Sechszylindern erschienen, und als erstes Automobil erhielt der 303 die charakteristische Doppelniere als Kühlergrill. Der völlig neu entwickelte 1,2 Liter Reihenmotor erwies sich als robustes, dabei extrem leise laufendes Aggregat, das 30 PS leistete und den Viersitzer bis zu 90 km/h schnell machte. Der 303 bot allerdings zu wenig Hubraum, um BMW in höhere Klassen zu positionieren. Deshalb vergrößerte man den 1,2 Liter zuerst auf 1,5, später auf 1,9 Liter mit 45 PS Leistung.

Um aber die bisherige Kleinwagenkundschaft nicht zu verlieren, brachte BMW im Frühjahr 1934 den Typ 309 auf den Markt – den letzten Vierzylinder der Vorkriegszeit. Mit 845 ccm besaß der Motor etwas mehr Hubraum als sein Vorgänger 3/20 PS und mit 22 PS auch zehn Prozent mehr Leistung, wog mit 750 Kilogramm aber auch 100 Kilo mehr als der 3/20 PS.

Der BMW 309 teilte sich mit dem 303 ein signifikantes Stylingmerkmal: Einen Kühler in senkrechter Zweiteilung, beide Hälften leicht abgerundet und im stumpfen Winkel zueinander stehend – eine erste Ausprägung der später so berühmt gewordenen BMW-»Niere«. Eine späte Variante der bis etwa 1925 so populären Spitzkühler, aber ungleich eleganter. Für BMW arbeiteten auch Buhne in Berlin, Reutter in Stuttgart, Gläser in Dresden und andere Karosseriefirmen.

Mit ihren ausgewogenen Proportionen waren der 303 und der 309 fast durchweg sehr elegante Erscheinungen, mit langer Motorhaube, gut geschwungenen Kotflügeln und geneigter Windschutzscheibe. Gebaut wurde der 309 bis zum Sommer 1936 als Limousine und Cabriolet in zusammen rund 6000 Exemplaren.

Besonders attraktiv in dieser Modellreihe war das BMW 309 Cabrio, das sogenannte »Vier-Fenster-Kabriolett«, zum Preis von 4000 Reichsmark.

LEISTUNGSSPORTLER: BMW 315, 315/1 UND BMW 319, 319/1

Mit einem auf 1490 ccm vergrößerten Sechszylindermotor debütierte mit dem BMW 309 das Schwestermodell 315. Interessant war vor allem dessen sportliche Variante, genannt 315/1, als Roadster karossiert und 40 statt 34 PS stark.

Aus dem BMW 315 entstand der 319 mit 1911 ccm Hubraum, aus dem 315/1 wurde der 319/1. Beide Strich-Einser hatten drei statt zwei Horizontalvergaser und galten als Sportfahrzeuge par excellence. Ihre Fahreigenschaften wurden von der stets kritischen Motorpresse sehr positiv bewertet. Vor allem der Gangschaltung zollte man großes Lob. Ihren exklusiven Status verdeutlichen die geringen Stückzahlen dieser Fahrzeuge: Vom 315/1 wurden nur 242 Stück gebaut, von 319/1 sogar nur 102.

Äußerlich so gut wie identisch, verkörperten die in Deutschland konkurrenzlosen Zweisitzer mit ihrer schräg abfallenden Heckpartie »den« Sportwagen schlechthin. Nur die Motorhaube verriet, ob man einen 315/1 oder einen 319/1 vor sich hatte: Bei ersterem wiesen ihre Seiten ein einfaches Drahtgeflecht auf, beim 319/1 zierten es drei waagrechte Zierleisten in langgezogener Tropfenform. Die hinteren Räder waren durch Blenden verdeckt, das Reserverad saß im Heck unter einem kreisförmigen Deckel.

Besonders der BMW 319/1 mit seinen 55 PS erfreute sich unter Sportfahrern großer Beliebtheit. Der Roadster wog nicht mehr als 700 kg und ging an die 135 km/h. Die Liste der mit den neuen Sechszylindern erzielten Sporterfolge wurde von Monat zu Monat

Ende 1934 brachte BMW mit dem 319/1 eine stärkere Variante des Sport-Roadsters 315/1 heraus. Mit dem 1991 ccm-Motor konnte der 319/1 in der Zweiliter-Klasse starten.

immer länger; im In- und Ausland errungene Siege trugen zur Bekanntheit der Automarke BMW wesentlich bei. In Bergrennen und Langstreckenprüfungen, Rundstreckenrennen und Rallyes holten sich Profis wie Amateurfahrer ihre Pokale und Lorbeerkränze. Ihre Konkurrenten waren meist italienische, französische oder britische Fabrikate; aus Deutschland bekamen in der 1,5-Liter- und in der 2,0-Liter-Klasse keine ernstzunehmenden Konkurrenten.

Im Vergleich zur »Königsklasse«, also zur Grand-Prix-Szene, die von deutscher Seite durch Mercedes-Benz und die Auto Union vertreten (und sehr bald dominiert) wurde, musste sich die Sportwagenszene auf Anordnung von höherer Seite aus zwar mit einem geringeren Stellenwert begnügen, erhielt auch keine staatlichen Zuschüsse – dafür aber war die Breitenwirkung um so massiver. An jedem Wochenende fanden irgendwo Rennen statt, häufig auf öffentlichen Straßenrundkursen und auf Bergstrecken, wo das Geschehen dem Publikum hautnah vorgeführt wurde.

Die Sportmodelle 315/1 und 319/1 wurden nur 1935 und 1936 gebaut; die Standardversionen gab es bis Mitte 1937. Und von ihnen entstanden ebenfalls sehr reizvolle Cabriolets und Cabriolimousinen, durchaus »sportliche« Wagen und von einer Leistungscharakteristik, die ihresgleichen suchte.

Äußerlich war der stärkere 319/1 Roadster lediglich anhand der seitlichen Chromstäbe an der Motorhaube vom 315/1 zu unterscheiden

Mit dem großen Wagen Typ 335 mit 3,5 Liter-Motor trat BMW 1939 in den Kreis der Hersteller von Fahrzeugen der Oberklasse ein.

Die Stückzahl des als Cabriolet und Limousine gebauten 335 blieb wegen des Ausbruchs des Zweiten Weltkriegs gering, sodass er heute eine Rarität darstellt.

ÜBERZEUGEND: BMW 326, BMW 335

Im Februar 1936 stellte BMW einen großen, komfortablen Reisewagen vor, den Typ 326. Als Zweiliter-Sechszylinder figurierte er in der oberen Mittelklasse als typischer BMW, und mit 15.936 Exemplaren war er das meistgebaute Modell dieser Marke der Vorkriegszeit. Im Juli 1937 wurde ihm der BMW 320 zur Seite gestellt, eine etwas kürzere und auch preisgünstigere Variante des 326.

Beide waren als Limousinen konzipiert, gleichwohl gab es Cabrioausführungen; reizvolle Automobile waren sie wohl, in ihrer Gesamterscheinung aber von der Limousine abgeleitet. Mit 1125 kg war der 326 das schwerere und behäbigere Auto, während der 320 mit etwas geringerem Radstand, 1971 ccm, 45 PS und 1000 kg Leergewicht das leichtere und Fahrzeug darstellte. Sein Tiefbett-Kastenrahmen entsprach dem des 326. Er hatte die alte Vorderachse der Rohrrahmen-Fahrgestelle, woraus aber in Verbindung mit dem schweren Chassis ein ungünstiges Fahrverhalten resultierte.

Als ob man bei BMW die Zeichen der Zeit – nämlich die Ankündigung einer staatlich verordneten Typenbeschränkung – nicht erkannt oder zu deuten gewusst hätte, arbeitete man in München und Eisenach Ende der 1930er-Jahre an einem Fahrzeugkonzept, dessen Realisierung den seinerzeitigen Gegebenheiten eigentlich nicht möglich sein konnte. Denn die enormen Anstrengungen der Aufrüstung kannte man bei BMW aber mindestens ebenso gut wie andernorts – die Bayerischen Motoren Werke waren durch ihre auf Hochtouren laufende Flugmotorenproduktion für die deutsche Luftwaffe ja selbst in diesem Bereich stark engagiert.

So stellte BMW 1938 eine Neukonstruktion vor, die ihr von Staats wegen gar nicht zustand: den BMW 335. Die Arbeiten an dem 3,5-Liter-Prototyp hatten schon 1936 begonnen, und im Oktober 1938 wurde ein solcher Wagen auf der Motor Show in London gezeigt. Vier Monate später lief seine Produktion an. Der BMW 335 sah dem 326 ähnlich, hatte aber 115 mm mehr Radstand und näherte sich in seinen Dimensionen dem Standard großer Repräsentationsfahrzeuge. BMW baute also ein Auto, das einer den Firmen Daimler-Benz, Auto Union (Horch) und Opel (Admiral) vorbehaltenen Kategorie angehörte.

Bis Anfang 1943 entstanden in Eisenach vom Typ 335 in Handarbeit insgesamt 415 Stück. In geringer Zahl gab es auch Cabriolets sowie zwei Coupés, davon eins für den Polizeipräsidenten von München. Überlebende Exemplare lassen sich an zwei Händen abzählen...

Als »touristischen Schnappschuss« bezeichnet René Staud dieses Bild eines BMW 326 beim Concorso d'Eleganza Villa d'Este aus dem Jahr 2007.

Als Rennwagen erfolgreich und als Straßenfahrzeug für seine Zeit recht komfortabel: Das machte den Erfolg des BMW 328 in den 1930er Jahren aus.

FASZINATION: BMW 328

Die Väter des BMW 328 sind die Konstrukteure Fritz Fiedler und Rudolf Schleicher. Sie waren Interpreten der Philosophie des Leichtbaus, dem Geheimnis des 328-Erfolges. Sein Rohrrahmen-Chassis entsprach dem des 315 bzw. 319, den Karosserie-Entwurf schufen der BMW-Karosseriekonstrukteur Wilhelm Kaiser sowie Kurt Joachimsohn, Schleichers Assistent im Fahrzeugversuch.

Der BMW 328 gilt als der erfolgreichste Straßensportwagen der Dreißiger Jahre – in ganz Europa. Dieser zum Mythos gewordene Erfolg lässt sich durch die geglückte Synthese von zum Teil konträren Merkmalen erklären. Zum einen war da die von Chefkonstrukteur Fritz Fiedler realisierte Idee des »konstruktiven Leichtbaus« durch einen extrem leichten, dennoch genügend biege- und tor-

Der Aerodynamiker Reinhard Freiherr Koenig-Fachsenfeld gestaltete dieses BMW 328 Stromlinien-Coupé. Es wurde 1937 bei der Karosseriefirma Wendler in Reutlingen gebaut und ist wahrscheinlich das einzig erhaltene von zwei Coupés seiner Art.

sionssteifen Rohrrahmen, ergänzt durch die geniale Motorenkonzeption Rudolf Schleichers, die trotz fehlender Ressourcen den Rennsport bis weit in die Nachkriegsjahre prägen sollte.

Dann war der 328 ein auch in normaler Straßenversion im Vergleich zur Konkurrenz erstaunlich komfortabler Sportwagen mit gutmütigem Fahrverhalten und gutem Federungskomfort. Und schließlich wies der Roadster ein ästhetisches, optimal proportioniertes, richtungweisendes Design unter Anwendung aerodynamischer Erkenntnisse der Technischen Hochschule Stuttgart (Leiter: Professor Wunibald Kamm) auf, das vor allem in Form der Mille Miglia-Roadster von 1940 eine ganze Nachkriegsgeneration von

In Großbritannien wurde der 328 von der Firma Frazer-Nash vertrieben, wie dieses Fahrzeug von 1937. Es gelangte 1946 in den Besitz von Oscar Moore, der es von 1947 bis 1950 als Monoposto in der Formel 2 einsetzte. Danach wurde die Karosserie mit Originalteilen rekonstruiert.

MK MK 328H

Für die 1941 geplante Fernfahrt Berlin-Rom waren 1940 drei BMW 328 zur Firma Touring in Mailand gebracht worden, um sie mit Superleggera-Roadster-Karosserien auszurüsten.

Hinter dem Steuer des Touring-Roadsters: Nach BMW-Angaben leistete sein Sechszylinder 130 PS und der Wagen fuhr bis zu 200 km/h schnell.

Sportwagen maßgeblich beeinflussen sollte. Das Jahr 1936 wird gemeinhin als Erscheinungsjahr des 328 bezeichnet. das stimmt insoweit, als die Wettbewerbsausführungen gemeint sind, von denen im Mai 1936 zunächst drei Exemplare als Prototypen entstanden; sie nahmen an zahlreichen Rennen teil und schufen damit die Grundlage zu der sich rasch bildenden 328-Legende. Aber nicht vor Anfang April 1937 setzte im Werk Eisenach die Serienherstellung ein.. Der 328 wurde während seiner Bauzeit übrigens immer als »BMW 2 Ltr. Sport«, nicht als »Roadster« bezeichnet, ein Wort, das damals nur in den Vereinigten Staaten verwendet wurde.

Eine Besonderheit des 328 war sein Sechszylindermotor. Ein ohc-Aggregat zu bauen, hätte man sich bei BMW nicht leisten können, aber ein klassischer ohv-Motor war Schleichers Konstruktion auch nicht, eher eine Kombination aus beidem. Die Betätigung der Kipphebel für die Einlassventile erfolgte von einer seitlichen

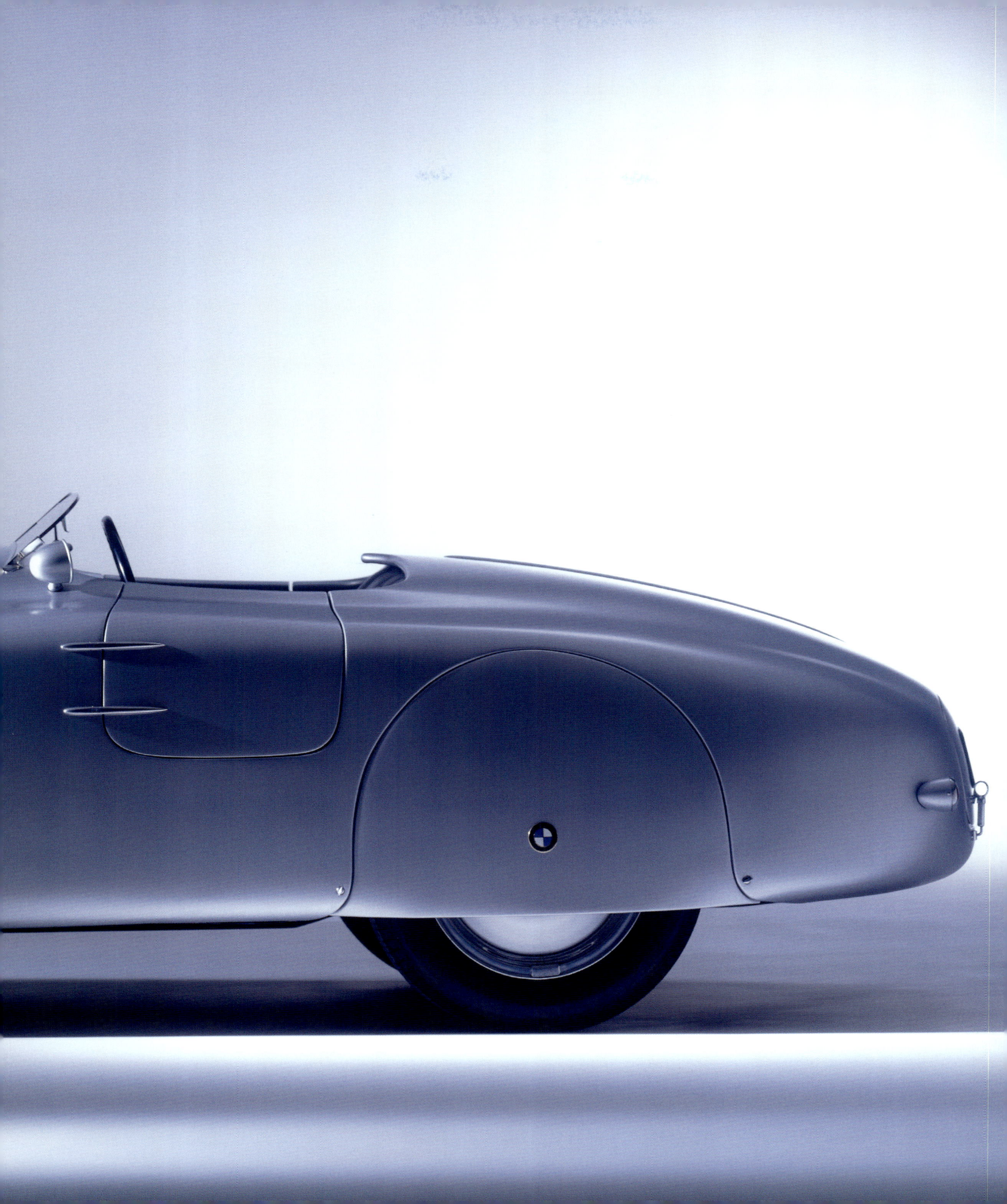

Im März 1941 hatte Touring die Stromlinien-328er fertiggestellt. Doch die Fernfahrt von Berlin nach Rom fand aufgrund der politischen Lage während des Zweiten Weltkriegs nicht statt.

Dieser BMW 328 ist vielen Besuchern des BMW Museums und von Ausfahrten mit klassischen Automobilen bekannt.

Nockenwelle (Antrieb über eine Duplex-Rollenkette) aus über senkrecht hinauf führende Stoßstangen. Die Auslassventile in dem V-förmigen Aluminium-Zylinderkopf wurden dagegen über kurze, waagerecht liegende Stößelstangen bzw. Umlenkhebel auf der Einlassseite und ähnliche, senkrecht stehende Stößelstangen von der gleichen Nockenwelle betätigt. Somit ließ sich der vorhandene Sechszylinder-Motorblock mit der untenliegenden Nockenwelle beibehalten.

BMW gab die Leistung des Sechszylindermotors mit 80 PS bei 4500 Umdrehungen an, und das war sicher etwas tiefgestapelt. Schon bei den ersten drei 1936 in zahlreichen Wettbewerben eingesetzten Wagen betrug die Leistung vermutlich 90 oder mehr PS, allerdings bei einem Verdichtungsverhältnis von 9 zu 1. Das Gemisch wurde in drei Solex-Fallstromvergasern aufbereitet. Die Zündkerzen saßen in der Mitte der halbkugelförmigen Verdichtungsräume und damit tief zwischen den beiden Hälften der Ventildeckel

Bei der Mille Miglia 2017 fuhren Philipp Koch und Martin Huber diesen 328 für die BMW Group Classic.

BMW schuf mit dem BMW 328 einen der ersten leichten, agilen Sportwagen, die von ihrem ersten Renneinsatz an für unzählige Siege – und damit auch für die sportliche Reputation – der Münchner Firma sorgten.

Der offene Zweisitzer entstand auf der Basis des Typ 326, doch sein Sechszylinder leistete 80 PS statt der 50 PS beim 326. Für das verbesserte Motor-Konzept mit V-förmigem Aluminium-Zylinderkopf zeichnete der Ingenieur Rudolf Schleicher verantwortlich.

Ein leichter, aber dennoch steifer Rohrrahmen, der leistungsstarke Sechszylinder-Motor und die aerodynamische Form waren Voraussetzungen für den Erfolg des BMW 328.

– damit waren sie nicht gerade gut zugänglich. Die Kurbelwelle aus Vanadiumstahl rotierte in vier Weißmetall-Hauptlagern; das Schmieröl wurde von einer groß dimensionierten Zahnradpumpe gefördert. Vor dem Motorblock befand sich ein Ölkühler, den der Schmierstoff aber erst durchströmen konnte, wenn er seine Betriebstemperatur erreicht hatte. Das klassische BMW-Rohrrahmen-Chassis mit seiner obenliegenden Querblattfeder vorn sowie den längsliegenden Blattfedern hinten entsprach dem des Modells 319/1. Identisch waren auch die Maße für Radstand und Spur (2400 mm, 1153/1220 mm). Der Wagen besaß Zentralverschluss-Scheibenräder mit Reifen der Dimension 5.25x16. Die Befestigung der Felge mit vier Bolzen war eine Umgehung der Zentralverschluss-Patente der englischen Firma Rudge-Whitworth.

Der in Eisenach bis zum Ausbruch des Krieges in 464 Exemplaren hergestellte BMW 328 erfuhr im Laufe seiner Bauzeit einige Ver-

Die »Vierrad-Flüssikeits-Fußbremse«, also Trommelbremsen mit hydraulischer Betätigung, sorgte beim 328 für gute Verzögerung. Sie waren den damals üblichen Seilzugbremsen deutlich überlegen.

Dieser bei Touring in Mailand fertiggestellte 328 Mille Miglia Roadster verdankt seinen Namen der Teilnahme an dem berühmten Rennen im Jahr 1940.

änderungen. Die vor dem August 1938 ausgelieferten Wagen sowohl mit Links- als auch mit Rechtslenkung wiesen einen bis 180 km/h kalibrierten Tachometer links neben dem Drehzahlmesser auf. Das Verdeck besaß noch kein Rückfenster, die hinteren Kotflügel keine Alu-Steinschlagecken.

Es war nicht nur eine kleine, auf Automobile der Marke BMW eingeschworene Schar von Enthusiasten, die sich von Anfang an für den 328 begeisterte. Wie sehr man bei BMW noch Anfang der Vierziger Jahre bestrebt war, die mit dem 328 beschnittenen Wege einer neuen technischen Konzeption weiterzuverfolgen, macht die Intensität deutlich, mit der man in München am Nachfolger des BMW 328 arbeitete.

Das Konzept des BMW 328 behielt bis in die späten Fünfziger Jahre seine Gültigkeit. Sowohl in Großbritannien, nämlich bei Bristol und Frazer Nash, als auch – in bescheidenerem Umfang – in Ost- und Westdeutschland wurden nach 1945 die auf dem 328 basierenden Arbeiten mit beachtlichem Erfolg fortgeführt.

Es entstanden drei Fahrzeuge: ein leicht abweichendes Design, die »Bügelfalte«, bei BMW und zwei weitere nach BMW-Entwurf bei Touring in Mailand.

Die 1940 bei der Mille Miglia eingesetzten Roadster belegten die Plätze 3, 5 und 6. Sie galten zudem als Prototypen für ein seinerzeit geplantes Nachkriegsmodell.

Zum Sieg bei der Mille Miglia 1940 fuhren allerdings Fritz Huschke von Hanstein und Walter Bäumer in diesem 1939 von Touring karossierten Coupé

Das 780 kg leichte Aluminium-Coupé mit 130 PS Leistung fuhr bis zu 220 km/h schnell und bewältigte die 1000 Meilen (1600 km) in weniger als neun Stunden.

NOBLESSE: BMW 327

Von besonderer Eleganz und Noblesse geprägt war die Linienführung des BMW 327, der die Sportversion des 326 darstellte. Man erhielt diesen Zweitürer zunächst als Cabriolet, zweiplätzig mit einer schmalen Notsitzbank im Fond. Man hätte ihn auch als 2+2 bezeichnen können.

Der im November 1937 präsentierte Wagen wurde wahlweise mit einem ZF- oder einem Hurth-Vierganggetriebe mit Freilauf angeboten. Der Motor war etwas höher verdichtet als im 326 (6,3 statt 6,0 zu 1), was ein Plus von 5 PS ergab. Im Oktober 1938 kam ein 2+2-Coupé hinzu. Die Karosserien beider Ausführungen wurden im Karosseriewerk Autenrieth, Darmstadt, hergestellt. Gebaut wurden insgesamt 1396 Exemplare.

Das Nonplusultra im BMW-Programm war Ende 1938 der 327/28, ebenfalls als Cabriolet wie als Coupé erhältlich. Dieses Modell in Gestalt des normalen 327 mit 55-PS-Motor hatte den 80 PS leistenden Sechszylindermotor des Sportwagens 328 mit drei So-

Das BMW 327 Sport Cabriolet ist der Urahn aller großen BMW-Cabrios. Es gilt unter Liebhabern als einer der schönsten BMW seiner Zeit.

lex-Fallstromvergasern. Der 140 km/h schnelle Traumwagen kostete nur 630 Mark mehr als die Standardausführung und wurde nur 569 Mal gebaut.

In einigen Einzelheiten unterschieden sich die Baureihen der Jahre 1938 und 1939, zum Beispiel in der Instrumentierung. Bis in die Zeit nach dem Krieg erhalten gebliebene Exemplare genießen einen hohen Liebhaberwert und wurden teils mit Teilen vom (fast identischen) Bristol-Motor aufgebaut, was zugleich eine noch etwas höhere Leistung erbrachte. Beim BMW 328 verhält es sich ebenso: Exemplare mit 100 PS sind keine Seltenheit. Wie beim 55-PS-Modell, wurden die nach Ausbruch des Krieges noch fertiggestellten 327/28 ins befreundete Ausland geliefert, um Vertragsverpflichtungen nachzukommen – und dafür Devisen zu kassieren.

Die Fortsetzung des BMW-Automobilbaus nach dem Zweiten Weltkrieg fand dort statt, wo er aufgehört hatte: in Eisenach. Unter provisorischen und entbehrungsreichen Verhältnissen zwar, aber

Das 327 Sport Cabriolet und das 327/28 Coupé (auf den folgenden Seiten) zählen zu den Publikumslieblingen im Fuhrpark der BMW Group Classic und sind gern gesehene Gäste bei Oldtimer-Rallyes.

Ein Jahr nach dem 327 Cabrio folgte 1938 das ebenso elegante Coupé. Auf Wunsch konnten beide Fahrzeuge auch mit dem 80-PS-Motor des Sportwagens 328 geliefert werden.

es war immerhin ein Anfang. Da die Russen angekündigt hatten, sie würden die wichtigsten Betriebseinrichtungen demontieren und in die Sowjetunion abtransportieren, nahmen die verbliebenen 200 Mitarbeiter in eigener Regie unverzüglich die Fertigung wieder auf und erstellten bis zum Jahresende 1945 in Handarbeit und mit viel Improvisationskunst, wohl auch unter Verwendung der letzten noch vorhandenen Teilebestände, 68 Limousinen des Vorkriegs-Baumusters 321 – in der Hoffnung, die Besatzungsbehörden würden durch einen solchen Leistungsbeweis von ihrem Vorhaben abrücken. Und die Rechnung ging auf. Das Werk in Thüringen durfte weiterproduzieren. Es firmierte zunächst unter der Bezeichnung BMW Eisenach

Und dann erschien auch eins der Schmuckstücke der dreißiger Jahre in einer Neuauflage: der BMW 327. Der bildhübsche Zweitürer feierte seine Wiederkehr, allerdings nicht mit dem Spezialkopf des 328 und mit nur 55 PS Motorleistung. Den fast ausschließlich ins Ausland gelieferten Wagen baute man erst als Cabriolet (327/2) und ab 1954 auch als Coupé (327/3), wobei es ein paar unterschiede zum Original gab. So öffneten bei beiden Modellen die Türen

Weniger als hundert sportliche BMW 327/28 Coupés wurden bis zum Produktionsende im Jahr 1940 gebaut.

nach hinten, die Motorhaube nicht mehr hälftig nach rechts und links, sondern wie einst beim 328 in einem Stück nach oben, wobei die Seitenteile aber stehen blieben. Die Radzierkappen hatten einen größeren Durchmesser, es gab andere Winker, andere Stoßstangen und andere Instrumente. Beim Coupé war auch das Rückfenster mehr als doppelt so groß im Vergleich zu dem des BMW 327. Und ab 1952 wurde das Cabriolet dann auch als EMW 327 ausgeliefert. Das »B« bei den im Motorblock eingegossenen Buchstaben BMW wurde durch Nachbehandlung per Handfeile bei jedem Wagen in ein »E« verwandelt. Juristische Probleme und sich daraus mit Sicherheit ergebende Exportbehinderungen – Hauptabnehmer waren die Schweiz, Niederlande, Schweden und Dänemark – wollten sich die DDR-Manager auf keinen Fall einhandeln.

Die Karosserien entstanden bei der ehemaligen Firma Gläser (jetzt »Volkseigener Betrieb«) in Dresden. Der von 1949 bis 1955 hergestellte Ost-327 wurde insgesamt 505 mal angefertigt, diese relativ geringe Stückzahl hat ihn heute zu einer gesuchten Rarität werden lassen.

BAROCKENGEL: BMW 502

Zu den noblen Klassikern der Markt BMW gehört der 502 V8. Der »Bayerische Barockengel«, wie schon sein Vorgänger vom Typ 501 wegen seiner schwungvollen Formen bald genannt wurde, verfügte über viele technische Besonderheiten.

Der Motor des 501 war ein Reihensechszylinder, eine modifizierte und auf 65 PS gebrachte Version des 326-Triebwerks der Vorkriegszeit. Das besonders feinfühlige Fahrwerk wurde von Testern in hohen Tönen gelobt. Selbst das lenkradgeschaltete Getriebe saß anderswo als bei herkömmlichen Autos: statt direkt an den Motor angeflanscht, duckte sich die Schaltbox mit vier vollsynchronisierten Gängen unter den Vordersitzen, mit dem Motor durch eine kurze Gelenkwelle verbunden. Das Arrangement hatte unter anderem den Vorteil, dass die Motoraufhängung nicht auf das höchste Getriebedrehmoment ausgelegt werden musste, man konnte das Triebwerk also sehr weich lagern.

Die Karosserien kamen zunächst von der Firma Baur in Stuttgart, ehe in München ein eigenes Presswerk zur Verfügung stand. Das 1954-55 gebaute Modell 501A sowie der etwas schlichter ausgestattete 501B hatten mit 72 statt 65 PS eine geringfügig höhere Motorleistung als das Basismodell 501. Alle Fahrzeuge wiesen die damals so beliebte Lenkradschaltung auf; Motor und Getriebe bildeten noch keine Baueinheit. Die hinteren Türen waren hinten, die vorderen vorn angeschlagen. Außenspiegel galten als Sonderzubehör. Der 501 wurde 1706 mal gebaut, der 501A 2251 mal, der 501B 1371 mal.

Dem Sechszylinder stellte BMW ab Juli 1954 einen V8 zur Seite. Es war der erste BMW mit Achtzylindermotor und zugleich der erste in Deutschland produzierte Pkw mit einem solchen Motor nach dem Krieg. Der 502 war äußerlich an einem breiten Chromband unterhalb der Fensterkante erkennbar; in der Formgebung und in

Als erster deutscher Hersteller präsentierte BMW 1954 mit dem 502 eine opulente Achtzylinder-Limousine. Durch seinen hohen Preis blieb der »Barockengel« während seiner Bauzeit bis 1963 eine exklusive Erscheinung.

M RG 502 H

Auf der technischen Basis der BMW-Limousinen 501 und 502 baute die Firma Baur bei Stuttgart Mitte der 1950er Jahre einige Wagen mit Sonderkarosserien, wie dieses zweitürige Cabrio.

Zu den Sonderkarosserien, die von Baur gefertigt wurden, zählten viersitzige Cabriolets mit zwei und vier Türen sowie ein Coupé.

den Abmessungen waren Sechs- und Achtzylinder identisch. Vorn gab es jetzt Einzelsitze.

Der mit 100 PS sehr leistungsstarke Leichtmetall-V8 war eine Herausforderung für Mercedes-Benz. 1955 erhielt der repräsentative Wagen eine größere Heckscheibe, und im gleichen Jahr erschien auch eine auf 90 PS reduzierte Version, die als 501 Achtzylinder (ohne Chromleiste, nur mit kleiner Rückscheibe) angeboten wurde. Beide Modelle gab es bis 1961; der 90-PS-Wagen hieß ab 1958 BMW 2,6. Ab 1960 gab es vordere Scheibenbremsen.

Auf der IAA im Herbst 1955 präsentierte BMW den Viertürer der Baureihe 502 mit einem auf 3168 ccm vergrößerten V8-Motor. Der BMW 502 3,2 Liter genannte 120-PS-Wagen (die Chiffre 502 entfiel ab April 1958) war an die 170 m/h schnell und ab 1959 mit Servolenkung zu bekommen, ab 1960 mit vorderen Scheibenbremsen.

1957 wurde die Reihe durch einen 502 3,2 Liter Super ergänzt, dessen Motor etwas höher verdichtet war und 140 PS leistete. Die vorderen Einzelsitze wiesen Liegesitzbeschläge auf, und nach wie vor war die Lenkradschaltung en vogue. Gegenüber diesem gut aussehenden, 178 km/h schnellen Auto war der damals aktuelle Mercedes-Benz 300c im Hintertreffen, nicht in der Qualität, aber formal als auch in Leistung und Höchstgeschwindigkeit (125 PS, 160 km/h). Den 3,2 Liter baute BMW 2582 mal, den 3,2 Liter Super 1158 mal.

Der BMW 2600 war das Nachfolgemodell des 502 2,6 Liter bzw. 501 Achtzylinder. Die vorderen Scheibenbremsen waren jetzt kein Sonderzubehör mehr, sondern serienmäßig vorhanden; äußerlich war das neue Model an den runden Heckleuchten erkennbar. Als 2600 L hatte der Viertürer 10 PS mehr Leistung und etwas mehr Chrom.

Dem 3,2 Liter folgte zur gleichen Zeit der 3200. Beim L-Modell leistete der V8-Motor jetzt 140, beim S-Modell (Super) 160 PS. Mit einer Spitze von 190 km/h durfte sich dieser BMW als das schnellste deutsche Serienautomobil bezeichnen. Neuerdings bekam man auf Wunsch Knüppel- statt Lenkradschaltung, eine Option, von der vor allem sportlich orientierte Kunden gern Gebrauch machten. Doch die Zahl der verkauften Wagen dieser Baureihe blieb gering, sie betrug bis zum Serienende nur 1443 Exemplare.

Interessant und in jeder Hinsicht exklusiv waren die Coupé- und Cabrioletversionen, die auf der Basis der Modelle 501 und 502 von den Karosseriefirmen Baur in Stuttgart und Autenrieth in Darmstadt angefertigt wurden. Es gab die Cabrios in zwei- und in viersitziger Ausführung.

Um hohen Regierungsstellen einen Repräsentationswagen anzudienen, der eine Alternative zum Mercedes-Benz 300 sein sollte, entstand 1955 auf dem Chassis des BMW 502 ein Einzelfahrzeug, das auf der IAA ausgestellt wurde. Der Wagen mit um 20 cm verlängertem Fahrgestell, Trennscheibe und höherem Aufbau wurde bei der Karosseriefirma Ghia-Aigle in der Schweiz gebaut und war mit elektrohydraulischen Fensterhebern, Sprechanlage zum Fahrer, Clubsesseln im Fond, Schreibplatte mit Beleuchtung, Fernbedienung für das Radio sowie edlen Holzverkleidungen versehen.

Zwar hat man Bundeskanzler Adenauer für eine Probefahrt gewinnen können, der dennoch der Marke Mercedes-Benz treu blieb – angeblich, weil er beim Aussteigen mit dem Hut oben am Türrahmen anstieß. Ersatzweise diente der BMW 505 der Bayerischen Staatskanzlei unter Franz-Josef Strauß bei bedeutenden Empfängen, wurde anschließend verkauft und fuhr als Werbefahrzeug für Kartoffelchips umher.

Das BMW 502 Cabriolet von Baur ist eine absolute Rarität und zeigt besonders in der Seitenansicht seine schlichte Eleganz.

Der von Albrecht Graf Goertz entworfene BMW 507 Roadster gilt als einer der schönsten Sportwagen aller Zeiten.

TRAUMWAGEN: BMW 507

Der BMW 507 gab sein Debüt auf der IAA 1955. Im Unterschied zum 503 war der 507 in Bezug auf seine Erscheinungsform eine hundertprozentige Kreation des Designers Albrecht Graf Goertz.

Der BMW 507, der eines der aufregendsten Fahrzeuge seiner Ära wurde und euphorische Beurteilungen erfuhr, vor allem hinsichtlich seiner ästhetischen Linienführung, genoss von Anfang an Liebhaberstatus. Der erste Wagen bekam die Seriennummer 700.02. Mit seiner niedrigen Gürtellinie, seinen Sport-Radkappen, die Zentralverschlüsse imitierten, seinem auf 150 PS getrimmten 3,2-Liter-Leichtmetallmotor und einer Beschleunigung von 11,5 Sekunden von Null auf 100 km/h war der BMW 507 ein reizvolles Spielzeug für die Playboys in aller Welt. Sehr gut stand dem Wagen auch das aufsetzbare Hardtop.

Der Kastenrahmen mit seinen Rohrtraversen entsprach dem der Limousine. Vorn hatte der 507 doppelte Querlenker, Torsionsstäbe und einen Kurvenstabilisator, die Aufhängung der Hinterräder erfolgte an einer Kombination aus Zug- und Schubstreben, geführt an Längsfederstäben und einem quer zur Fahrtrichtung angeordneten Ausgleichsstab (Panhardstab). Es gab hydraulische Servobremsen (Trommeln) und ein axial verstellbares Lenkrad. Mit einem Radstand von nur 2480 mm war der 507 kompakter als der 503 und mit 4830 mm Länge über alles auch ein Stück kürzer. Der Aufbau bestand weitgehend aus Leichtmetall.

Die meisten Fahrzeuge fanden Abnehmer in den USA, wo der rührige Importeur Max Hoffman – sein Showroom befand sich in New Yorks vornehmer 5th Avenue – seinerzeit für BMW (und etliche an-

Mit einem Preis von 28.500 DM (1957) blieb der BMW 507 auch seinerzeit für die meisten ein unerreichbarer Traum.

Dieser BMW 507 fand als Leihgabe für ein Shooting seinen Weg in die Staud Studios. Auf ausdrückliche Erlaubnis des Besitzers bewegte René Staud den Wagen auch auf der Straße – »mit gebührendem Respekt«.

Für ein Kalender-Projekt von BMW wurde dieser silberne 507 Roadster in die Staud Studios gebracht.

dere Hersteller nobler Automobile) aktiv war. Die US-Ausführung des 507 hatte einen etwas höher verdichteten Motor und eine Leistung von 165 SAE-PS.

Der 507 erlebte in seiner Bauzeit von November 1956 bis März 1959 nur wenig Änderungen. So verringerte man Ende 1957 den Kraftstofftank von anfänglich 110 auf 65 Liter Fassungsvermögen, um im Kofferraum mehr Platz für Gepäck zu erhalten, und die letzten, 1959 angefertigten Wagen stattete man mit Scheibenbremsen an den Vorderrädern aus (wie es sie ab September 1959 auch bei der 3,2 V8 Limousine gab).

Nur 254 Exemplare des BMW 507 wurden gebaut – eine Zahl, die weitaus geringer war als anfänglich vorgesehen und kalkuliert. Und obwohl das Auto 3000 Mark weniger kostete als der 503 und um einiges attraktiver aussah, fand es weniger Abnehmer als jener.

Für einen Sammler rollte René Staud diesem weißen BMW 507 den roten Teppich aus. Mit Spotlights setzte er den »Star« ins rechte Licht.

Die Wagen wurden bei BMW auf Bestellung weitgehend in Handarbeit gefertigt; auf Wunsch war auch ein Hardtop lieferbar.

Die meisten 507er fanden Abnehmer in den USA. In New York brachte der Importeur Max Hoffman edle Autos an betuchte Kunden.

Sowohl die Karosserie des formschönen Roadsters als auch sein Motorgehäuse sind aus leichtem Aluminium gefertigt

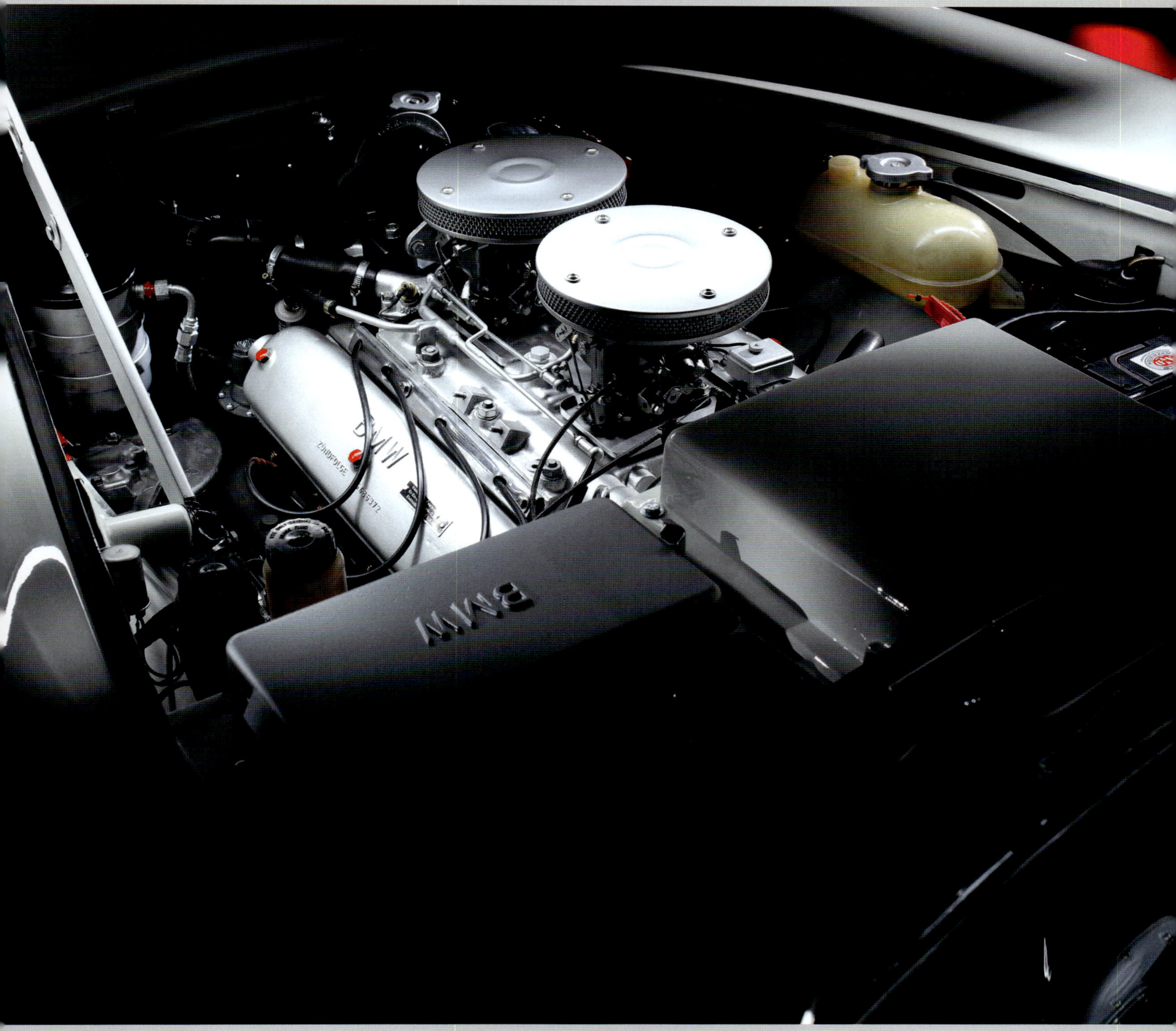

Angetrieben wird der 507 von einem 150 PS starken V8-Motor mit 3168 ccm Hubraum. Die Höchstgeschwindigkeit der Wagen liegt zwischen 190 und 220 km/h.

Im Motorsport spielte der 507 eine zwar kleine, dennoch nicht ganz unbedeutende Rolle. Hans Stuck bewegte den Wagen in einigen Bergrennen und demonstrierte eindrucksvoll die Behendigkeit des mit 1330 kg im Vergleich zum 503 wesentlich leichteren Wagens. Je nach Hinterachsübersetzung – zur Wahl standen 3,89, 3,70 und 3,42 – betrug die Spitzengeschwindigkeit 200 bis 225 km/h.

Unter allen Liebhaberwagen der Marke BMW rangiert der 507 zusammen mit dem Vorkriegsklassiker 328 an vorderster Stelle. Von den 254 gebauten Fahrzeugen sind noch mehr als 200 existent, und sie wechseln ihre Besitzer äußerst selten. Der im BMW Museum ausgestellte Roadster ist von besonderem Reiz: Er hat einst Elvis Presley während seiner Soldaten-Dienstzeit in Deutschland gehört.

Einen 507 auf dem roten Teppich zu inszenieren, ist sehr passend. Elvis Presley, Alain Delon und Ursula Andres verliehen der Anziehungskraft des schönen Roadsters.

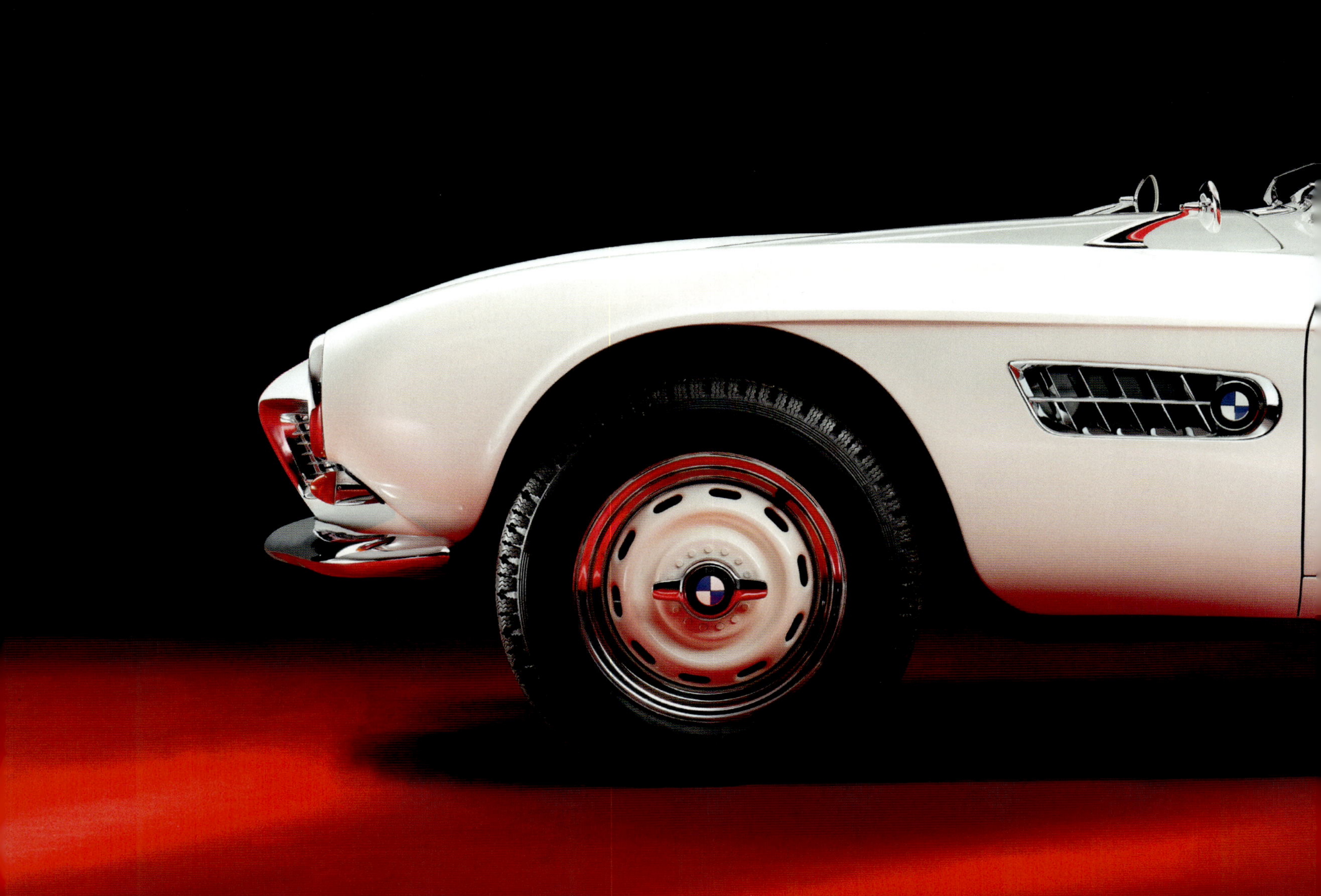

Nur 254 Exemplare des BMW 507 wurden gebaut – weit weniger, als anfänglich vorgesehen und kalkuliert.

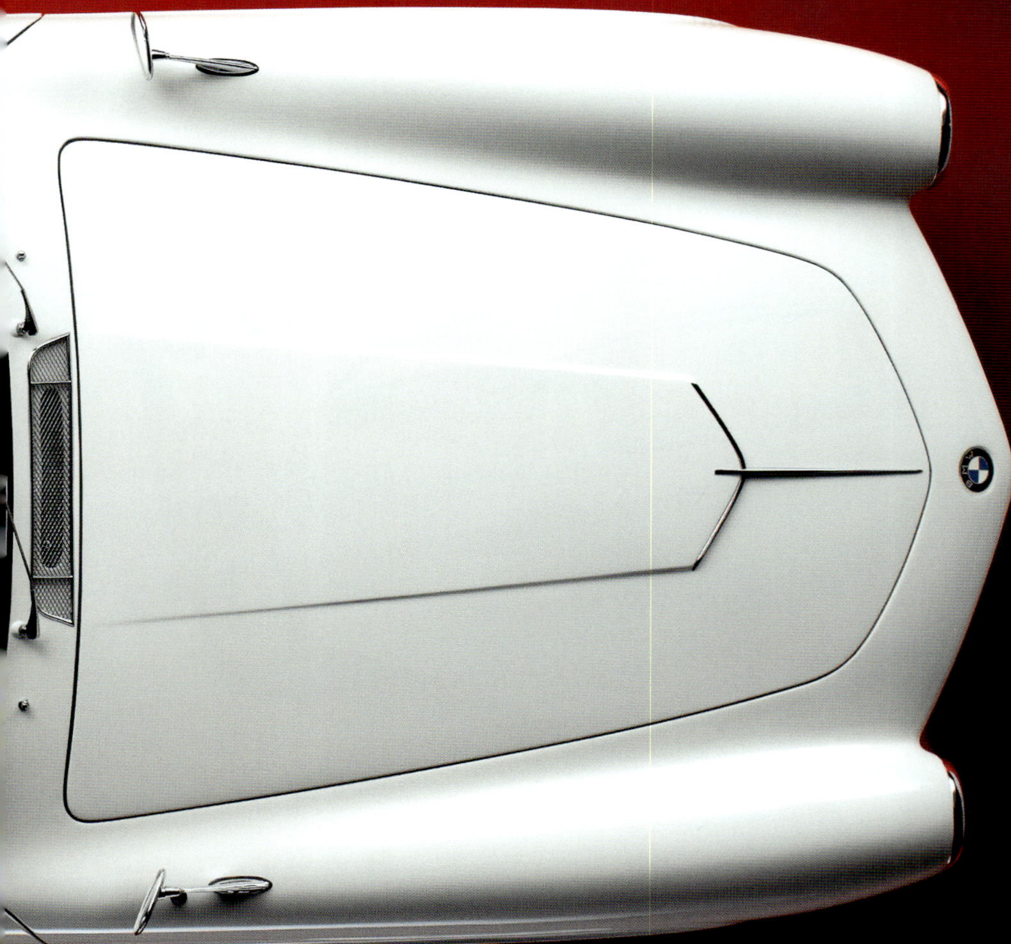

Der BMW 503, ein eleganter 2+2-Sitzer, hatte den Charakter eines sportlichen Reisewagens; man durfte ihn als klassischen GT einordnen. Foto: BMW AG

MEISTERWERK: BMW 503

Erste Entwürfe zu einer Sportversion des großen BMW V8 entstanden Ende 1954. Doch die von Wilhelm Hofmeister und Georg Bertram angefertigten Skizzen vermochten den Vorstand nicht ganz zu überzeugen. Nach zahlreichen Änderungen wurden Gipsmodelle im Maßstab 1:5 angefertigt und dem Designer Albrecht Graf Goertz mit dem Auftrag übergeben, sie nach seinen Vorstellungen endgültig zu überarbeiten. Das Ergebnis war ein schlanker 2+2 mit ausladenden Flanken, etwas vertieft eingesetzten Scheinwerfern und einem eleganten Coupéaufsatz. Die gestreckten Linien des Wagens wurden durch eine schmale, durchgängige Chromleiste unterhalb der Türgriffhöhe noch betont.

Der 503 besaß die hintere Starrachse des 502 mit Drehstabfederung. Sein Rahmen aus Längsstahlträgern mit Rohrtraversen entsprach ebenfalls dem der V8-Limousine. Vorn hatte der 503 doppelte Querlenker, Torsionsstäbe und einen Kurvenstabilisator, die Aufhängung der Hinterräder erfolgte über einen Dreieck-Schublenker, geführt an Längsfederstäben und einem quer zur Fahrtrichtung angeordneten Ausgleichsstab (Panhardstab). Es gab Hydraulische Servobremsen (Trommeln), allerdings nicht das axial verstellbare Lenkrad des 507. Mit einem Radstand von nur 4835 mm ergab sich für den 503 etwa die gleiche Baulänge der Limousine.

Zusammen mit den Arbeiten am BMW 507 Roadster entstanden unter Leitung von Albrecht Graf Goertz die Karosserien für das 503 Coupé (im Bild) und das Cabrio.

Dieser mit der Modellbezeichnung 503 versehene BMW hatten den Charakter eines sportlichen Reisewagens; man durfte ihn als klassischen GT einordnen. Das Auto wurde auf der IAA 1955 präsentiert und als Coupé und als Cabriolet angeboten. Der 3,2-Liter-V8-Leichtmetallmotor hatte 140 PS; bei einem Leergewicht von 1500 kg wog der 503 ebenso viel wie der BMW 3,2 Liter Super. Das Interieur konnte man nur als nobel bezeichnen – mit Ledersitzen, elfenbeinfarbenem Lenkrad, ebensolchen Bedienungsknöpfen, groß dimensionierten Instrumenten im Blickfeld des Fahrers und viel dezentem Chromzierrat. Mit 190 km/h Endgeschwindig-

Die gestreckten Linien des Wagens wurden durch eine schmale, durchgängige Chromleiste unterhalb der Türgriffhöhe noch betont.

keit war der BMW 503 ein sehr schneller Wagen, und ein teurer obendrein. Bei seiner Einführung kostete er DM 29.500, wobei der Preis sowohl für das Cabriolet wie für das Coupé galt.Viele der von Mai 1956 bis Ende Februar 1960 gebauten Fahrzeuge wurden – dem damaligen Zeitgeschmack entsprechend – in zweifarbiger Lackierung ausgeliefert; Trennlinie war der seitliche Chromstreifen. Insgesamt wurden 412 Stück gebaut, 139 davon als Cabriolet. Im Vorstellungsjahr 1955 wurden nur drei Stück angefertigt, 1956 auch nicht mehr als 91. Die Nachfrage hielt sich in Grenzen.

Den sportlich-eleganten Zweitürern der Typen 503 und 507 folgte 1962 der 3200 CS. Seine Formgebung stammte von Nuccio Bertone. Foto: BMW AG

EDELMETALL: BMW 3200 CS BERTONE

1962 erschien der BMW 3200 CS. Dieses aufwändig angefertigte Hardtop-Coupé folgte dem 503 nach und sollte der letzte große BMW V8-Wagen bis 1968 bleiben. Das Gesamtkonzept dieses Klassikers war in Zusammenarbeit mit der italienischen Karosseriefirma Bertone entstanden, und bei Bertone in Turin wurden auch die Aufbauten hergestellt; die Endfertigung wurde in München vorgenommen. Die Kosten der Transport-Operationen zuwischen Deutschland und Italien schlugen hoch zu Buche und ließen die Gesamtkalkulation ins Minus geraten...

So entstanden von 1962 bis 1965 auch nur 603 Exemplare, eins davon als Cabriolet für den BMW-Großaktionär Herbert Quandt.

Der sportlich-elegante Viersitzer ging an die 200 km/h. Der 3200 CS wies eine senkrechte, wenn auch niedrig gehaltene Doppelniere auf, der beim BMW 503 ähnelnd, und hatte zu beiden Seiten zusätzliche Kühllufteinlässe – ein Design, das sich auch bei allen Fahrzeugen der »Neuen Klasse« wieder fand, ebenso bei den großen Sechszylinder-Coupés ab 1968 sowie bei allen Limousinen der 5er-Reihe ab 1972. Nuccio Bertone verdanken die Münchner Designelemente, die bis ins 21. Jahrhundert hinein für BMW typisch blieben. Für die überwiegende Mehrheit der Autokäufer waren solche exklusiven Wagen freilich unerreichbar.

Die 2+2-sitzige Karosserie des noblen Bayern besteht nicht aus Aluminium, sondern aus Stahlblech. Die C-Säule erhielt erstmals den sogenannten »Hofmeister-Knick«, benannt nach dem damaligen BMW-Chefdesigner.

SI HK 11 H

In Leichtbauweise mit filigranem Gitterrohrrahmen und Aluminiumkarosserie baute BMW in den frühen 1960ern den speziell für Bergrennen ausgelegten Sportzweisitzer RS 700.

RETTUNGSWAGEN: BMW 700

Die Spatzen pfiffen es 1959 von den Dächern: Die Bayerischen Motoren Werke standen vor der Übernahme durch die Daimler-Benz AG. Doch kurz vor dem bevorstehenden Exodus der Marke BMW gab es eine Kehrtwende, herbeigeführt durch den längst überfälligen Kleinwagen, der in letzter Minute erschien. Das war der BMW 700.

Der »Rettungswagen« war kein Münchner Kindl, sondern kam aus Wien. Wolfgang Denzel, seinerzeit BMW-Importeur für Österreich, hatte die Initiative ergriffen und im Frühjahr 1958 einen kompakten Zwei-plus-Zwei mit Heckmotor konzipiert, für dessen Formgebung Denzel den italienischen Designer Giovanni Michelotti gewinnen konnte. Das Gesamtkonzept war absolut zeitkonform, die Dimensionen des Autos mit 345 cm Länge und 148 cm Breite bestens proportioniertes Mittelmaß, die Motorisierung angemessen.

Die Fertigstellung der Prototypen und die Produktionsvorbereitung für den BMW 700 fanden in München statt. Im Sommer 1958 wurden die ersten Versuchsmodelle probegefahren.

Dieser BMW schrieb Geschichte. Ausgerechnet ein Auto mit luftgekühltem Heckmotor à la VW war es, der dem Unternehmen das Fortbestehen zu sichern vermochte. Auch war der 700 der erste BMW in selbsttragender Konstruktion, also ohne eigentliches Fahrgestell. Dieser erste und zugleich letzte BMW-Heckmotorwagen (wenn man die Kleinmobile Isetta und BMW 600, bei denen die Motoren ebenfalls hinten angeordnet waren, außer Betracht lässt) wurde innerhalb von fünf Jahren 188.121 mal gebaut.

Mit einem 30-PS-Motor, einem Zweizylinder-Boxer mit 697 ccm Hubraum, gab das 2+2 Coupé im Spätsommer 1959 sein Seriende-

Die BMW-Vorstände bei der Vorstellung des 700 Coupés 1959. Foto: BMW AG

Rennfahrer und BMW-Entwicklungsingenieur Alexander von Falkenhausen im BMW 700 RS-2 in Neubiberg 1964. Foto: BMW AG

büt. Im Dezember folgte eine viersitzige Limousine mit gleichem Radstand. Das Coupé mit seiner schräg abfallenden Dachpartie sah recht rasant aus, wenngleich der Bug etwas sehr schlicht geraten war und auch nicht einmal die Andeutung der klassischen BMW-Niere aufwies. Der nicht allzu geräumige Kofferraum im Bug reichte knapp für das Feriengepäck von zwei, allerdings nicht von vier Personen. Tank und Reserverad befanden sich ebenfalls vorn, schon aus Gründen der Gewichtsverteilung. Zum Tanken musste man die Fronthaube öffnen, wobei der Einfüllstutzen aus einem Formteil über dem unteren Abschlussblech ragte. Überlaufendes Benzin konnte dadurch nicht aufs Gepäck kleckern.

Die Leistung des Motors im 1959 bis 1964 gebauten Coupé (die Limousine gab es in ihrer ersten Bauform bis 1962) hob man 1963 von 30 auf 32 PS an, womit das kleine Auto jetzt 128 km/h schnell war. 1962 bis 1965 bot BMW den 700 in einer LS genannten Luxusversion bei gleicher Grundspezifikation an, wobei die letzte Version (1964/65) des Coupés mit 40 PS (zwei Solex-Fallstromvergaser, höhere Verdichtung) spürbar stärker motorisiert war, um die 50 kg Gewichtszunahme zu kompensieren. Dieses Modell ging an die 135 km/h. Motor und Getriebe entsprachen klassischer BMW-Rezeptur. Dennoch war der 697-ccm-Zweizylinder kein adaptiertes Motorrad-Aggregat; der größte Motor im BMW-Zweiradprogramm war seinerzeit der als 267/4 bezeichnete 590-ccm-Boxer(ohv)in der R 60 bzw. der 268/3 in der R 69 S.

Und dann gab es ab 1960 den BMW 700 Sport, ab 1963 als 700 CS bezeichnet (Motorbezeichnung: M 107 S). Dieses Auto hatte wie das 40 PS starke LS Coupé einen Zwei-Vergaser-Motor – und es war auch als Cabriolet lieferbar! Den Aufbau des offenen 2+2 stellte die Karosseriefirma Baur in Stuttgart her; sie war schon vor dem kriege mit BMW im Geschäft gewesen und hatte auch einige 501 und 502 in Cabrios verwandelt. Die hintere Sitzbank sowohl im Coupé als auch im Cabriolet war sehr schmal, eigentlich nur für die Mitnahme kleinerer Handgepäckstücke gedacht. Auch beim Entwurf des Cabriolets – das nur 2592 mal gebaut wurde – hatte Michelotti entscheidenden Anteil gehabt. Die mit einer Partie waagerechter Chromstreifen dekorierte Heckpartie und zwei Chromleisten auf den Lüftungsschlitzen des Heckdeckels gaben dem Auto einen Touch von Luxus, und das voll im heruntergeklappten Zustand versenkbare Verdeck machte sich eleganter als bei den meisten anderen Cabrios jener Zeit.

Auf Anhieb profilierte sich das leichte, schnelle Coupé mit seinem Boxermotor im Heck auch im Motorsport. Die Motorleistung ließ sich durch diverse Optimierungen (meist spielten Dell'Orto-Vergaser die entscheidende Rolle) auf 50 oder auch 60 PS steigern. Die heißesten Rennsportversionen wiesen einen ohc-Motor mit Königswellenantrieb auf, mit Doppelzündung ausgestattet und an die 90 PS stark (Motor M 106). Dies war die ultimative Version des luftgekühlten Siebenhunderters. Ferner erschien 1961 ein spezieller Roadster mit Gitterrohrrahmen und Alukarosserie; der vor der Hinterachse eingebaute Königswellenmotor verlieh dem Zweisitzer ein Tempo von 200 km/h. 19 Stück wurden gebaut.

Schon 1960 gewann Altmeister Hans Stuck auf einem BMW 700 die Deutsche Bergmeisterschaft. Beim 12-Stunden-Rennen von Monza fuhr er mit seinem 700 die Trofeo Ascari mit 130 km/h Schnitt die schnellste Zeit vor einer Armada getunter Fiat und NSU... ein Erfolg, den Hans Stuck und Sepp Greger 1961 wiederholten, jetzt sogar mit 136,7 km/h Schnitt. Weitere prominente

Als Motorisierung für dieses Wettbewerbsfahrzeug diente der Zweizylinder-Boxermotor des BMW 700, aber mit Königswelle und zwei Dell'Orto-Vergasern.

Piloten auf dem neuen Renner waren Alex v. Falkenhausen, Heinz Eppelein und Walter Schneider. Und ein gewisser José Ferrari wurde 1961 Klassenbester in Uruguay. Sparsam war der Siebenhunderter auch: In der Caltex Performance Challenge über 2000 Kilometer (Dijon-Amsterdam-Dijon) qualifizierte sich der Münchner Arzt Dr. Bieling auf einem Werkswagen als bester deutscher Fahrer und kam dabei auf einen Verbrauch von nur 4,385 Liter pro 100 Kilometer.

34 Siege konnte der 700er allein im Jahr 1960 verbuchen. 1961 gewann BMW die Deutsche Rundstreckenmeisterschaft, die Rallye- und die Tourenwagenmeisterschaft. Ferner erschien 1961 ein spezieller Roadster mit Gitterrohrrahmen und Alukarosserie; der vor der Hinterachse eingebaute Königswellenmotor verlieh dem 700 RS Zweisitzer ein Tempo von 200 km/h. 19 Stück wurden gebaut und überwiegend in Bergrennen eingesetzt.

Der BMW 700 in seinen diversen Ausführungen trug erheblich zur Belebung der Renn- und Rallyesportszene in den frühen Sechziger Jahren bei. Er verschaffte der Marke wieder einen Stellenwert, der mit dem in der Zeit von 1935 bis 1939 vergleichbar war. Seine Präsenz im internationalen Motorsport war die Grundlage für die Erneuerung eines Mythos, auf den BMW in den kommenden Jahrzehnten erfolgreich aufbauen konnte.

Ab August 1973 erhielten die Fahrzeuge der 02-Serie einen schwarzen Kühlergrill aus Kunststoff sowie eine flachere Niere.

KLASSENBESTER: BMW 02

Das nach dem Krieg als so notwendig erkannte Projekt eines komplett neuen Fahrzeugs der Mittelklasse war für BMW zunächst nicht zu realisieren gewesen. Anfang der Sechziger Jahre hatte sich die Situation bei BMW jedoch grundlegend geändert. Es entstanden Konzepte eines neuen »Mittelwagens« als mittelgroßer Viertürer mit sportlichem Fahrwerk und starker Motorisierung, und in der ersten Jahreshälfte 1961 erhielt ein solches Auto realitätsnahe Konturen. Die Marketingstrategen definierten es als den Wagen einer »Neuen Klasse«.

Im September 1961 debütierte dieses Auto als BMW 1500. Unter der Fronthaube arbeitete ein vollkommen neuer Vierzylinder-Reihenmotor mit 1,5 Liter Hubraum. 80 PS reichten für eine Spitzengeschwindigkeit von fast 150 km/h, ein hervorragender Wert. Dazu kam ein superbes Fahrwerk. Die Federung war straff ausgelegt, aber nicht unkomfortabel. Im Innenraum fanden sich Sicherheitsmerkmale wie gepolsterte Ober- und Unterkanten des Armaturenbretts und eine tiefliegende, gepolsterte Lenkradnabe.

Schon ein Jahr nach Produktionsbeginn der Neuen Klasse kam ein Schwestermodell mit 1,8 Liter-Motor und 90 PS Leistung auf den Markt. 1964-65 gab es auch eine TI/SA genannte Version, die Sportfahrern mit Ausweis oder Lizenz vorbehalten blieb, 130 PS stark war und in Rundstreckenrennen eingesetzt wurde. Nur 200 Stück wurden aufgelegt, während es vom BMW 1800 immerhin 102.090 und vom 1800 TI 19.663 Stück gab. Dem BMW 1800 folg-

Die 02-Serie ging aus der »Neuen Klasse« hervor, die 1961 mit der Stufenheck-Limousine BMW 1500 debütierte.

Das BMW 1600-2 Cabriolet wurde von Baur in Stuttgart für BMW entworfen und gebaut. Von 1968 bis 1971 entstanden 1692 Stück.

Das Fahrzeug von Seite 100 in der Seitenansicht: Die Lichtreflexe im schwarzen Lack zeigen die elegante Linienführung der Karosserie, die von den Chromleisten betont wird.

ten die Modelle 1600 und 2000. Und 1969 erschien das Spitzenmodell der Neuen Klasse in Gestalt des BMW 2000 tii, der erstmals über eine Benzineinspritzanlage in einem Serienmodell verfügte.

Für BMW bedeutete der Erfolg dieser Neuen Klasse endlich den Durchbruch als Hersteller weltweit begehrter, moderner Automobile. Zwar wurde der Urtyp BMW 1500 nur bis 1964 produziert, doch die optisch fast identische, gesamte Modellreihe sollte bis 1972 aktuell bleiben. In dieser Zeit entwickelte sich die Neue Klasse zur erfolgreichsten BMW Modellreihe. 329.626 Limousinen liefen insgesamt in München vom Band. BMW hatte den Sprung zum erfolgreichen Massenhersteller moderner Automobile endgültig geschafft.

Am 7. März 1966 feierte die BMW AG ihren 50. Geburtstag. Und an diesem Tag stellte der Vorstandsvorsitzende Gerhard Wilcke den Festgästen in der Bayerischen Staatsoper ein neues Modell vor, den BMW 1600-2. Der neue Typ markierte ab nun die Basis des Modellprogramms, war kleiner und schnittiger als die aktuellen Limousinen der Neuen Klasse. Das Auffälligste an der neuen Limousine: sie besaß nur zwei Türen, daher das Anhängsel-2 in der Modellbezeichnung.

Mit dem Zweitürer war BMW wieder ein großartiger Wurf gelungen, seine Stückzahlen stellten neue Rekorde auf. Das BMW Händlernetz erfuhr eine spürbare Ausdehnung im In- und Ausland. Ein Cabrio blieb mit 1692 Exemplaren zwar eine Rarität, doch die bis

Diese Doppelbelichtung zeigt das Baur-Vollcabriolet sowie als Detail das charakteristische, runde Dreikammer-Rücklicht.

Das viersitzige, elegante Cabrio fand damals wie heute seine Liebhaber. Sein Nachfolger, das auch als »targa« bezeichnete BMW 2002 Cabriolet (1971–1975), bekam einen Überrollbügel.

Ende 1975 gebauten und rasant abgesetzten 252.282 Limousinen ließen erkennen, in welche Marktlücke BMW vorgedrungen war.

Das technische Innenleben des Nullzwei unterschied sich nur wenig vom viertürigen 1600, dessen Produktion zeitgleich endete. Den Antrieb übernahm ein Vierzylindermotor mit 1573 ccm Hubraum und 85 PS, wie bei allen damaligen BMW um 30 Grad geneigt eingebaut. Das Fahrwerk aus vorderen Federbeinen auf Dreieckslenkern und Schräglenker-Hinterachse stammte ebenfalls von der Neuen Klasse. Auch die Bremsanlage war fortschrittlich und leistungsfähig: vorne verzögerten Scheibenbremsen, bisher eher teueren Automobilen oder Sportwagen vorbehalten.

Wie bei den Viertürern, so folgte auch bei den Zweitürern eine hubraum- und leistungsstärkere Variante nach der anderen. Ende Januar 1968 gab der 100 PS starke 2002 seinen Einstand, Ende April 1971 stellte man den 1802 mit 90 PS vor. Die Motoren waren mit denen identisch, die in den Viertürern zu finden waren. Vom 2002 gab es 1971 auch wieder ein Cabrio.

Besonderheiten stellten der BMW 2002 ti und der 2002 tii dar. Der ab 1969 lieferbare 2002 ti war die Zweivergaser-Ausführung des 2002 und damit der Nachfolger des 1600 ti; der 2002 tii war sein ab April 1971 bis Dezember 1974 angebotener Nachfolger mit Einspritzmotor, noch einmal um weitere 10 auf nun 130 PS erstarkt.

Für großes Aufsehen sorgte 1973 der BMW 2002 turbo. Als erstes deutsches Serienauto verfügte er über einen Abgasturbolader. 210 km/h schnell, war diese Krönung der Nullzwei-Baureihe aber nur für zehn Monate im Programm und ausschließlich in den Farben Weiß oder Silber zu bekommen.

Der 2002 turbo war zwar ein Straßenwagen, sollte dennoch sowohl Rennsportanforderungen genügen als auch ein schneller, alltagstauglicher Reisewagen sein. Damit entsprach er den 1936 für den BMW 328 Sportwagen formulierten Ansprüchen. Die Eigenschaften des 2002 turbo bezeichnete BMW als »komfortabel, sicher und umweltgerecht«.

Der BMW 2002 turbo war 1973 das erste in Serie hergestellte deutsche Auto mit Abgasturbolader – noch vor dem Porsche 911 turbo. Er verfügt über 170 PS und erreicht 210 km/h.

turbo

Während die Sechszylinder-Linousinen der Reihe E3 für vornehme Schlichtheit standen, pflegten die Coupés (E9, im Bild) das sportliche Image.

2021 feierte der BMW 3.0 CSL seinen 50. Geburtstag: Ab 1971 entstanden die ersten der sportlichen Leichtbau-Coupés in Zusammenarbeit mit Alpina als Homologationsserie für den Tourenwagensport.

OBERKLASSE: BMW E3 UND E9

1968 konnte es sich BMW nach dem Erfolg der Neuen Klasse und des Nullzwei erlauben, die Tradition der Dreißiger Jahre mit Sechszylindermotoren zeitgerecht wiederzubeleben. Die intern als E3 bezeichneten, vornehm schlichten Modelle 2500 und 2800, mit denen das Unternehmen wieder in den Markt der großen Limousinen eintrat, feierten Premiere.

Ganz anders gab sich das gleichzeitig auf den Markt kommende Coupé der Baureihe E9, dessen dynamische Silhouette vor allem auf den Rennstrecken der Welt zum Symbol für Überlegenheit wurde. Die Motoren waren für beide Karosserievarianten gleich: die um 30 Grad geneigt eingebauten Triebwerke hatten eine siebenfach gelagerte Kurbelwelle mit zwölf Gegengewichten für einen vibrationsfreien Lauf und eine obenliegende Nockenwelle. Eine der technischen Neuheiten der beiden konstruktiv gleichen Motoren war der in die Kolben eingeprägte, so genannte Dreikugel-Wirbelbrennraum. Er sorgte für eine intensivere Verbrennung des Gemischs, was sich unter anderem in üppigen Leistungen niederschlug. Der 2,5 Liter brachte es auf 150 PS, der 2,8 Liter auf 170 PS. Das reichte aus, um den 2800 in den exklusiven Kreis der 200 km/h-Wagen zu katapultieren. Und auch der 2500 mit 190 km/h Spitze hatte nur wenig Konkurrenz zu fürchten.

Mit dem Fahrwerk und dem Aufbau der Modelle 2500/2800 stellte BMW im April 1971 eine Dreiliter-Vergaserversion als 3.0 S vor, die Serienfertigung begann im Mai. Ab September des gleichen Jahres hatte der Kunde auch die Möglichkeit, eine Einspritzversion in der Gestalt des 3.0 Si zu bekommen. Die Kraftstoffzuführung erfolgte drehzahl- und lastabhängig durch sechs Magnet-Einspritzventile, der Zündfolge entsprechend in zwei Gruppen zu je drei Zylindern gesteuert. Dieser Wagen blieb bis 1974 das Flaggschiff der BMW-Flotte, ehe der 3,3 Liter auf den Markt kam.

Mit einem um 10 cm verlängerten Radstand und dadurch mehr Beinfreiheit im Fond folgte 1975 der 3.0 L. Alle Dreiliter waren auch mit einem Borg-Warner-Automatikgetriebe zu bekommen. Die Gesamtzahl aller Fahrzeuge dieser Motorisierungsvariante belief sich auf 58.398.

Der erste BMW, der deutlich über 30.000 Mark kostete, war der im Frühjahr 1974 eingeführte 3.3 L. Mit 3295 ccm war der Sechszylinder der größte Motor, den BMW nach dem Kriege bisher gebaut hatte. Die im November 1976 nachgelegte Einspritzversion (Bosch L-Jetronic) hatte eine andere Kurbelwelle mit geringerer Hubhöhe, was einen auf 3210 ccm reduzierten Hubraum zur Folge hatte. BMW 3.3 L und 3.3 Li – das L stand sowohl für Luxus als auch für Langversion, das i für injection – waren die unmittelbaren Vorgänger der im Januar 1977 eingeführten 7er Reihe. Zum Serienumfang der 3,3-Liter-Wagen gehörten Servolenkung, Radio, Kopfstützen auch für die Fondsitze und ein Sicherheitslenkrad. Klima- und Lüftungsanlage entsprachen höchstem Niveau, auf Wunsch gab es auch Getriebeautomatik.

In besonders leistungsstarker Ausführung debütierte im April 1971 der BMW 3.0 CS. Dieses Coupé bildete die Grundlage für die Rennsportwagen, die vor allem durch die Alpina- und Schnitzer-Teams von Erfolg zu Erfolg pilotiert wurden. Im September 1971 mutierte das Coupé durch Einbau eines Einspritzmotors zum 3.0 CSi, und als spurtstarke Leichtbau-Ausführung kam der 3.0 CSL hinzu, dessen Karosserie eine Vielzahl von Bauteilen aus Aluminium aufwies. Ab 1973 erfuhr der Motor beim CSL eine Änderung (größere Zylinderdimensionen, resultierend in 3153 ccm) und leistete nun 206 statt 180 PS, gut für eine Spitze von 220 km/h. Ein großer Heckflügel, ein Leitblech an der hinteren Dachkante und auffällige Peilstege auf der Motorhaube ließen den Wagen spektakulär aussehen. Vom 3.0 CS wurden 11.063 Stück gebaut, vom CSL waren es 1039, vom CSi 8201.

Der Name CSL steht für »Coupé Sport Leichtbau«. So wurden etwa Türen und Hauben zur Gewichtsersparnis aus Aluminium gefertigt.

SPEKTAKULÄR: BMW M1

Der nach dem 2002 turbo wohl spektakulärste BMW war der im Oktober 1978 auf dem Pariser Salon vorgestellte M1. Maßgeblich beteiligt an der Realisierung des zweisitzigen, nur 114 cm hohen Rennsportcoupé mit Gitterrohrrahmen, das der Homologation wegen auch mit Straßenzulassung angeboten wurde, war das Team um Motorsport-Chef Jochen Neerpasch. Der mit seinem Vierventil-Einspritzmotor, ein Sechszylinder mit 3453 ccm Hubraum und Trockensumpfschmierung, über 260 km/h schnelle Straßenwagen wog nur 1300 kg und kam mit 277 PS aus. In den Rennversionen erzielte man mit Turboaufladung 800 und mehr PS, gut für Tempi bis zu 360 km/h. Einen zunächst in Betracht gezogenen Zehnzylinder-V-Motor hatte man verworfen. Was die Fertigung des M1 betraf, hatte es bis zum Sommer 1978 allerdings noch viele offene Fragen gegeben. Denn da die BMW Motorsport GmbH nicht über die Kapazitäten verfügte, eine Serie von Rennwagen im Alleingang zu bauen, mussten entsprechende Partner akquiriert werden. Während Giorgetto Giugiaro von der Firma ItalDesign für die Gestaltung verantwortlich war, sollte anfänglich Lamborghini die Fabrikation übernehmen.

Doch der italienische Sportwagenhersteller befand sich damals in wirtschaftlichen Schwierigkeiten und konnte seinen Teil der Abmachung nicht einhalten. Bis 1978 war keiner der versprochenen Prototypen fertig gestellt, und auch die 400 Serienfahrzeuge, die für eine Homologation bis Anfang 1979 produziert werden mussten, schienen sich nicht realisieren zu lassen. Zwei bei Lamborghini abgestellte Prototyp-Fragmente hatten BMW-Leute auf dem Werksgelände sicherstellen müssen, um zu verhindern, dass sie in unbefugte Hände gelangten. Die Produktion wurde zum Puzzlespiel: Marchesi in Modena übernahm die Herstellung der Gitterrohrrahmen, die bei ItalDesign in Turin mit den von T.I.R. ebenfalls aus Modena gelieferten Kunststoffkarosserien komplettiert wurden, und bei der Stuttgarter Karosseriemanufaktur Baur wurde die Endmontage und Ausstattung durchgeführt. Der Preis für den Mittelmotor-Zweisitzer betrug 113.000 D-Mark.

Um den BMW M1 »Procar« in der Rennsportgruppe 4 homologieren lassen zu können, mussten innerhalb von 24 Monaten 400 Stück gebaut werden. Das war der Grund, warum BMW den M1 auch in einer Straßenversion auflegte.

Im Herbst 1976 hatte der BMW-Vorstand seiner Tochtergesellschaft, der BMW Motorsport GmbH, Grünes Licht für das Projekt M1 (intern: E26) gegeben. Es begann eine Entwicklung auf zwei Ebenen, denn die Straßen- und die Rennversion – wenn auch in der Basis identisch – unterschieden sich durchaus.

Eine Studie des BMW-Chefdesigners Paul Bracq von 1972 hatte die Stoßrichtung des Designs vorgegeben. Die endgültige, sachlichere Linie des M1 zeichnete Giorgio Giugiaro.

Der BMW M1 hat einen längs eingebauten Mittelmotor und Hinterradantrieb. Sein 3,5-Liter-Reihensechszylinder leistet in der Serienversion 277 PS.

1978 standen die ersten Vorausexemplare des M1 zu Testfahrten auf der Straße zur Verfügung. Versuche mit der Rennversion, wie sie zunächst in den Procar-Läufen zu sehen waren, erfolgten parallel dazu. Im Grunde war das Procar-Projekt nichts weiter als eine Publicity-Angelegenheit, aber eine sehr wirkungsvolle, vor allem vor dem richtigen Publikum. Denn die als Rahmenprogramm großer Veranstaltungen ausgetragenen Läufe absolvierten ausschließlich die weltbesten Spitzenfahrer, und wer am Saisonende die meisten Punkte auf seinem Konto hatte, durfte seinen Wagen behalten. Zwanzig identische Fahrzeuge auf Beinahe-Tuchfühlung auf der Piste – das war eine Supershow und machte Teilnehmern wie Zuschauer ungeheuer viel Spaß. Jeder Pilot hatte exakt gleiche Chancen. Hier erwies sich, wer ein guter Taktiker war – und wer es gern drauf anlegte, ein bisschen zu rempeln...

Einige BMW M1 nahmen aber auch an »richtigen« Rundstreckenrennen teil, um sich für die Deutsche Rennsportmeisterschaft in der dicht besetzten Gruppe 4 zu qualifizieren. Und für die Gruppe 5 gab es Turboversionen mit 800 bis 1000 PS, präpariert von Schnitzer für Fahrer wie Hans-Joachim Stuck, Dieter Quester, Hans-Georg Bürger und Harald Ertl. Letzterer unternahm mit einem auf Flüssiggas umgerüsteten M1 auf der Teststrecke von Ehra-Lessien einen Rekordversuch und kam dort auf 301,4 km /h. Mit geringeren Endgeschwindigkeiten gewann Helmut Henzler 1981 die Deutsche Rennsport-Trophäe, und mit »nur« 480 PS sollte eine aerodynamisch modifizierte Version des M1, präpariert bei March in England, 1982 an der neuen Gruppe-C-Serie teilnehmen. Das Windkanal-Auto ging jedoch nicht an den Start.

Herbert Schnitzer fungierte in den frühen achtziger Jahren, als der Turbo-320 neben dem M1 Furore machte, für BMW als Teamchef; Rennleiter war Dieter Stappert in Nachfolge Jochen Neerpaschs. Sie setzten den M1 auch in Le Mans ein, wo der Wagen von 1979 bis 1985 recht ordentliche Platzierungen erlangte und gegen die massive Porsche-Konkurrenz keinen leichten Stand hatte. Der M1 in Rennausführung ist inzwischen zum gesuchten Sammlerwagen geworden, schließlich hat doch jedes einzelne Exemplar mehrere prominente Fahrer gehabt.

Die Ausstattung des Straßen-M1 beschränkte sich zweckmäßigerweise auf das funktionell Notwendigste, war aber keineswegs unkomfortabel. Die geringe Stückzahl und der besondere Status dieses BMW erklären, warum sein Preis auf dem Liebhabermarkt heute außerordentlich hoch ist. Natürlich gab es nur eine zahlenmäßig kleine Klientel für den M1, und so wurde mangels Nachfrage die Produktion des M1 im April 1981 beendet. Der in der BMW Procar-Serie von der Weltprominenz des Rennsports eingesetzte M1 wurde 49 Mal gebaut, für die Straße waren es 401 Exemplare.

»Flamenco« ist der Titel, den René Staud diesem kunstvollen Bild gegeben hat. Mithilfe von Doppelbelichtung hat er den BMW 850i mit einer Tänzerin des Stuttgarter Balletts vereint.

M JD 7704

Den 8er BMW gab es ausschließlich als Coupé. Seine Frontpartie war in der Gestaltung deutlich an den M1 angelehnt.

Das Fahrzeug steht für die Aufnahme auf einer Stahlkonstruktion mit spiegelnden Plexiglas-Platten, wie am unteren Bildrand zu sehen ist. Hinter diesem Podest hängt ein gemalter Hintergrund. Dazwischen befindet sich ein Lichttunnel mit Leuchtstoffröhren.

PERFEKTION: DER 8ER BMW (E31)

1989 brachte BMW das Modell E31 heraus, ein in jeder Beziehung neues Luxuscoupé. Im Verkauf als 850i bezeichnet, wies das Auto eine nach hinten leicht ansteigende Silhouette auf mit betont breitem Dachabschluss; die Hauptscheinwerfer verschwanden bei Nichtgebrauch unter Klappen in der Motorhaube.

Chefdesigner Claus Luthe hätte gern eine Kühlerpartie ohne die obligatorische Niere durchgesetzt, der Vorstand ließ sich darauf aber nicht ein. Dafür akzeptierte man das Grundkonzept möglichst kurzer Überhänge, eine Designphilosophie, die bei BMW zunehmend stilprägend wurde.

Nicht nur formale Ästhetik in der Linienführung und im Interieur zeichneten das 1340 mm niedrige Coupé aus, sondern technische Perfektion – bis hin zu den automatisch ausfahrbaren Scheibenwaschdüsen für die Klappscheinwerfer. Durch ausgefeilte Aerodynamik ließen sich Windgeräusche auf ein Minimum verringern, auch die im Innenraum wahrnehmbaren Fahrgeräusche waren minimal. Luthes Designerteam hatte ein Meisterwerk geschaffen.

Der V12-Motor des 850i wies zunächst die Bohrung/Hub-Maße von 84 x 75 mm = 4988 ccm auf. Seine Leistung betrug 300 PS bei 5200 U/min. Die sanfte Kraftentfaltung begeisterte vor allem Fahrer von Wagen mit Getriebeautomatik – eine solche Beschleunigungsdynamik schier ohne Ende auszukosten, machte in diesem Coupé doppelt so viel Spaß wie in der gleich stark motorisieren Limousine 750i. Wahlweise gab es das Coupé mit Sechsgang-Handschaltgetriebe oder mit einer Vierstufen-Automatik. Die Integral-Mehrlenker-Hinterachse wurde 1991 durch eine elektronische Dämpferkontrolle (EDC) noch optimiert; Traktionskontrolle und Servotronic-Lenkung kamen hinzu.

Die Produktion begann im Dezember 1989 im Werk Dingolfing und währte bis zum April 1999. In diesem Zeitraum wurden 60.621 Coupés hergestellt, angeboten zu Preisen von 128.000 bis 193.000 D-Mark. In der gut neun Jahre währenden Zeitspanne unterzog man das Coupé im Rahmen sorgfältiger Modellpflege einigen Veränderungen. So erschienen im Oktober 1992 eine adaptive Steuerung der Getriebeautomatik, eine tiefer herunter gezogene Frontschürze und 17- Zoll-Felgen statt der bisherigen 16-Zöller. Dieses Modell hieß jetzt 850 Ci. Die BMW Motorsport GmbH stellte parallel dazu einen 850 CSi auf die Räder; dieses Fahrzeug hatte einen auf 5576 ccm (86 x 80 mm) vergrößerten Motor mit 381 PS sowie ein Sperrdifferential und größere, innenbelüftete Bremsscheiben.

1994 änderte BMW die Motorenkonfiguration auf 5379 ccm, einhergehend mit einer Leistungssteigerung auf 326 PS und der Verwendung einer neuer Fünfstufen-Getriebeautomatik. Die auf 250 km/h limitierte Höchstgeschwindigkeit blieb die gleiche, doch in der Beschleunigung spürte man das Plus an Drehmoment. Im Kraftstoffverbrauch aber ebenfalls. 1995 entfiel beim 850 Ci das Handschaltgetriebe; ersetzt wurde es durch die »Steptronic«-Automatik, in die ein manuellen Schalteingriff integriert war.

Ab 1993 bot BMW das Coupé auch mit V8-Motor an. Der Vierventilmotor mit zweimal zwei obenliegenden, verstellbaren Nockenwellen (VANOS genannt) hatte 3982 ccm Hubraum und leistete 286 PS bei 5700 U/min. 1996 bekam der V8-Motor mehr Hubraum: Aus 4398 ccm resultierten jetzt zwar nicht mehr Leistung, aber ein kräftigeres und weiter unten einsetzendes Drehmoment. Damit beschleunigte der Achtzylinder fast ebenso rasant wie der Zwölfzylinder.

Dem sehr aufwändig gebauten Achter entsprach auch die Werbung für dieses Modell. Kataloge von 180 Seiten Umfang begleiteten den noblen Auftritt des Coupés, Prospekte im Überformat wurden nur an Interessenten abgegeben, deren Qualifikation für einen so teuren Wagen außer Frage stand. Diese Selektion wäre kaum nötig gewesen, denn die Nachfrage nach dem Achter-BMW war letzten Endes geringer als erhofft. Seine Prestigeaufgaben hatte das Modell jedoch mit Sicherheit voll erfüllt.

Es gibt kein edles Auto, das sich nicht noch veredeln ließe. Diesen modifizierten 8er fotografierte Rene Staud für den Tuner Hartge.

Eine Besonderheit des BMW Z1 sind die in den Seitenschwellern versenkbaren Türen. Sie tragen nicht zur Stabilität der Karosserie bei und können während der Fahrt offen bleiben.

AUSSENSEITER: BMW Z1

Die Überraschung war perfekt. Im September 1986 stellte BMW einen Sportzweisitzer vor, der auf keinem der hauseigenen Serienkonzepte basierte und in jeder Beziehung ein Außenseiter war.

Der Z1 genannte Roadster war das Produkt der Tochterfirma BMW Technik GmbH. Der zunächst als Studienobjekt und gar nicht für die Serie vorgesehene Wagen fand aber so viel Beifall, dass er doch gebaut wurde und sogar eine hohe Auflage erlebte. Immerhin hatte der Mutterkonzern die entsprechenden Motoren und Fahrwerkskomponenten zu disponieren, die Fertigung vorzufinanzieren und auch im Verkauf und Marketing Kapazitäten bereitzustellen.

Die Basis des Zweisitzers mit elektrisch versenkbaren Türen war ein Monocoq-Rahmen aus feuerverzinkten Stahlprofilen; der darauf montierte Kunststoffaufbau bestand aus nur wenigen Komponenten. Die Frontpartie glich der des BMW M1 und fand sich später ansatzweise auch beim BMW 850i wieder, nur war der Lufteinlass größer und von zwei weiteren Öffnungen flankiert. Zur guten Straßenlage des Wagens trugen der niedrige Schwerpunkt und

Der Entwickler Ulrich Bez und der Designer Harm Lagaay zeichneten maßgeblich für den Z1 verantwortlich, der ursprünglich als Image- und Technologieträger gedacht war.

M DV 7093

ein hohes Trägheitsmoment nahe der Hinterachse bei, was den Roadster eher zu einem Unter- als zu einem Übersteurer machte. Zu den wenigen Nachteilen des Wagens zählte, dass er mangels eines vernünftigen Kofferraums nicht zu längeren Reisen taugte.

Das Antriebsaggregat des Z1 war der Sechszylinder-Einspritzmotor des BMW 525i mit 171 PS; beim Fahrwerk kamen eine Schräglenker-Hinterachse und vorn Eingelenk-Federbeine zum Einsatz. Im Juni 1988 begann die Serienherstellung, sie ging weitgehend in Handarbeit vor sich und endete im Juni 1991.

Anfangs wurden pro Arbeitstag zehn Autos gebaut, dann achtzehn. Später reduzierte sich die Zahl auf fünf bis sechs, als 1990 der Absatz des Z1 in Anbetracht des recht hohen Preises von fast 90.000 DM zu stagnieren begann. Immerhin entstanden von diesem Sportwagen 8000 Stück. Seine Zielgruppe, nämlich junge, unkonventionell eingestellte und allem Modernen aufgeschlossene Menschen, hatte der Wagen aufgrund seines Preises nur in Ausnahmefällen zu erreichen vermocht; die Käufer bestanden mehrheitlich aus arrivierten Geschäftsleuten, die das Auto als Zweitwagen zu ihrem Siebener-BMW erwarben und es allenfalls einmal der Frau, der Freundin oder dem Junior überließen.

Längst ist jedes einzelne Exemplar in fester Liebhaberhand. Wenn die Z1-Eigner ein Problem kennen, dann nur das der gelegentlich klemmenden Versenktüren.

Anfangs lag die Produktion des Z1 bei maximal sechs Fahrzeugen pro Tag. Letztlich entstanden zwischen 1989 und 1991 immerhin 8000 Fahrzeuge.

Gruppenbild aus dem Jahr 1995: der BMW E36 als Limousine, Coupé und Cabrio.

Foto: BMW AG

Das Coupé der Baureihe E36 folgte 1992 auf die Limousine. Foto: BMW AG

ERFOLGSKONZEPT: BMW 3ER-REIHE E36

Die Erwartungen waren groß, als im Sommer 1975 im Münchner Olympiastadion die erste 3er-Reihe vorgestellt wurde. Mit ihr trat ein gänzlich neues Automobil an, technisch eine Weiterentwicklung der Nullzwei-Reihe, optisch eindeutig verwandt mit der 5er Reihe und doch völlig eigenständig.

Charakteristisch für den neuen Zweitürer war die ausgeprägte Keilform, die von der Öffentlichkeit anfangs kontrovers diskutiert wurde. Auch der Innenraum gab sich völlig neu: Das Cockpitdesign entsprach dem des 5er, gekennzeichnet durch eine zum Fahrer hin abgewinkelte Mittelkonsole; viele Jahre blieb dieses Design typisches Merkmal für das BMW Interieur. Der 3er erfüllte – und übertraf sogar – alle in ihn gesetzten Erwartungen. Bei seiner Einführung wurde der Zweitürer zunächst in vier Motorisierungsvarianten angeboten: als 316, 318, 320 und 320i. Alle vier waren Vierzylinder; die kleineren blieben bis 1980 im Programm, der 2,0-Liter wurde 1977 durch ein gleich großes Aggregat als Sechszylinder abgelöst. Der 320 hatte Doppelscheinwerfer und die Typenzahl auf dem Kühlergrill; 316 und 318 kamen mit Einzelscheinwerfern daher. Bei den bis 1977 gebauten Fahrzeugen war zwischen den Rückleuchten jene ominöse schwarze Blende noch nicht vorhanden, die dann bis 1982 dort blieb.

Im Mai 1981 rollte der ein millionste Dreier vom Band. Er galt damit der erfolgreichste BMW aller Zeiten – bis die dritte Generation, intern als Baureihe E36 bezeichnet, den Rekord noch toppte.

Der E36 wurde im Oktober 1990 präsentiert. In der Form noch kompakter und gedrungener, hatte der Wagen vor allem im Frontbereich enorm gewonnen. Die Flächen beiderseits der Doppelniere wurden fast zur Gänze von breiten Leuchteinheiten gefüllt, die Scheinwerfer saßen hinter großen Abdeckungen; im Profil wirkte der Wagen gestreckter. Der neue 3er war ein Viertürer, denn als zweitürige Version folgte 1992 das Coupé. Zur Wahl standen die Modelle 316i, 318i (beides Vierzylinder), 320i und 325i (beides Sechszylinder). Wie bei BMW (fast) immer üblich, wiesen die Bezeichnungen auf den Hubraum der Motoren hin. Zur Standardausführung zählten Dreiwege-Katalysatoren nach der strengen Kalifornien-Norm, und bis auf den 316i hatten alle Modelle serienmäßig Drehzahlmesser, Zentralverriegelung mit Wegfahrsperre sowie Servolenkung. Beim 325i gab es ferner Scheibenbremsen auch hinten sowie ABS und Nebelscheinwerfer.

Da die Limousinen der neuen 3er Baureihe E36 nicht mehr zwei-, sondern nur viertürig ausgelegt waren, kam ab Jahresbeginn 1992 ein neuer Zweitürer ins Programm, als Coupé bezeichnet. Radstand und Gesamtlänge waren jedoch mit denen der Limousine identisch. Die dohc-Vier- und Sechszylindermotoren waren sämtlich Vierventiler; zur Modellauswahl gehörten die Versionen 316is, 318is, 320is und 325is.

Die Innenausstattung des wahlweise mit Fünfgang- oder Automatikgetriebe lieferbaren Coupés entsprach der des Viertürers. Auch Front- und Heckbereich waren so gut wie identisch. Die Stückzahlen erreichten verständlicherweise nicht annähernd die Höhen der Viertürer, die in den ersten vier Jahren ihrer Existenz auf durchschnittlich 300.000 je Motor-Reihe kamen, während die vergleichbaren Coupés je nach Laufzeit 50.000 bis 80.000 erreichten – mit Ausnahme des 318is, der es in sieben Jahren auf rund 150.000 Stück brachte.

Der E36 wies in seiner Gesamterscheinung eine Anzahl von Übereinstimmungen mit den größeren BMW Modellen auf. Auch gab es Elemente, die sich später im Design der neuen, größeren Baureihen wiederfanden.

Die Modellpalette der 3er Reihe E36 rundete der BMW 325tds ab, der ein Temperament an den Tag legte, welches Testfahrer mit dem eines gleich großen Benziners verglichen. Der 2487-ccm-Motor war ein Turboaggregat mit Ladeluftkühlung und elektronisch programmierter Einspritzung, 143 PS stark und für 210 km/h gut.

Die dritte 3er-Baureihe hatte einen Teil ihrer BMW-DNA, wie die Doppelscheinwerfer und die senkrechte Front, im Windkanal zugunsten der Aerodynamik eingebüßt. Foto: BMW AG

Die Scheinwerfer-Gläser des E36 bekamen bei einer Modellpflege im September 1993 kleine Noppen, um Luftverwirbelungen und Fahrgeräusche zu reduzieren.

Dank Spezialkatalysator war der Motor besonders umweltverträglich. Man erhielt den 325tds auch in der Ausführung als Touring. Ein Modell mit Vierzylinder-Turbodiesel, 318tds genannt, kam Ende 1994 ebenfalls ins Programm; beide Modelle wurden bis einschließlich Januar 1999 hergestellt.

Der E36 wurde erst ab 1993 als Cabrio angeboten. Es war vom 1992 eingeführten Coupé abgeleitet, das flacher und breiter war als die Limousine.

Im April 1994 kam ein weitere Variante hinzu, der so genannte BMW compact. Mit 421 cm Länge war er zwar nur 23 cm kürzer als die Limousine bzw. das Coupé, doch sein geschicktes Styling ließ ihn tatsächlich gedrungener – eben kompakter erscheinen, schon weil der Wagen kein klassisches Stufenheck hatte, höchstens ansatzweise. Ausgestattet mit zwei verhältnismäßig breiten Seitentüren (für bequemen Einstieg zum Fond) und einer großen Heckklappe ließ sich der compact als 2+2-Kombicoupé einordnen.

Der 3er compact war der erste 3er BMW, der nicht mehr eine stark zum Fahrer hin angewinkelte Konsole aufwies. Die erste Ausführung war ein 316i mit 102 PS, dann folgten ein 318ti, ein 318tds, ein 316g (alternativ mit Erdgas zu betreiben) und 1997 ein 323ti (mit 2,5 Liter Hubraum). Die Motoren – bis auf den Diesel – waren durchweg VANOS-Vierventiler. Servolenkung gab es auf Wunsch, ebenso Getriebeautomatik, die nur beim 318tds entfiel.

Ausgestattet mit neuen Sechszylindermotoren, präsentierte sich die Modellreihe E36 zur Halbzeit ihres programmierten Lebens im März 1995 auf dem Genfer Automobilsalon. Den Anfang machte der 328i mit 193 PS; der Aluminiummotor hatte die variable Nockenwelle Vanos, den dann auch die nachfolgenden Typen 320i und 323i erhielten. Alle Motoren bekam man in der Kombination mit der Limousine, dem Coupé, dem Cabriolet und dem Touring. Eine geringfügig geänderte Karosserie im Heckbereich des 3er Touring machte diesen Wagen praktischer. Eine neue Anordnung der Rückleuchten erlaubte eine breitere Heckklappe – jetzt war das Be- und Entladen sperriger Gegenstände leichter geworden. Die zu einem Drittel oder zu zwei Dritteln umlegbare Rückenlehne der Fondsitze machte dieses Auto zu einem echten Nutz-Fahrzeug im Pkw-Segment.

BMW ließ dem M3 Mitte 1995 eine Frischzellenkur angedeihen, die es in sich hatte. Das Auto gab es als Cabriolet und als GT Coupé; das Antriebsaggregat war ein neuer 3,2-Liter-Vierventilmotor mit 321 PS. Es gab diesen 88.000 Mark teuren BMW ab Januar 1996 zunächst als Coupé zu kaufen, die Cabrio-Ausführung folgte im Mai. Für das Modelljahr 1997 erhielten alle 3er ein Facelifting, das die Doppelniere rundlicher erscheinen ließ und den Scheinwerferpaaren mehr Signifikanz verlieh. In der M-Version genießt der E36 längst besonderen Kultstatus...

Der Z3 war der erste BMW, der gänzlich außerhalb von Deutschland gebaut wurde – und der erste BMW als Dienstwagen des Filmhelden James Bond. Foto: BMW AG

HERZENSBRECHER: BMW Z3

Anlässlich des 60. Geburtstages des legendären Sportzweisitzers 328 überraschte BMW die Motorwelt 1996 mit einem attraktiven Sportwagen, der im amerikanischen BMW Werk in Spartanburg, South Carolina, gebaut wurde.

Technik und Fahrwerk stammten vom BMW der 3er-Reihe, die Bodengruppe vom E36 Compact. Die Cockpitabmessungen waren für einen Zweisitzer akzeptabel, die Größe des Kofferraums allerdings minimal.

BMW hatte die Präsentation des Z3 aber vorweggenommen, und zwar durch ein so genanntes Product-Placement in einem James-Bond-Film. Dort ließ der Geheimagent 007 im Dienste ihrer Majestät seinen Aston Martin stehen und stieg auf einen bayerischen Sportwagen um. Was für eine Sensation!

Was musste das für ein edles Auto sein, um einen Aston Martin ausstechen zu können? Es war der BMW Z3, ein kleiner Roadster, der durch seine Auslegung als kompromisslose Fahrmaschine überzeugte. Die Proportionen mit langer Motorhaube und kur-

Im Sommer 1998 wurde die Baureihe durch das Coupé ergänzt. Das Design, zunächst als »Turnschuh« verspottet, findet heute seine Fans. Foto: BMW AG

zem Heck entsprachen klassischer Roadster-Bauweise. Die vorn stark abfallende Motorhaube schloss die Doppelniere mit ein; unterhalb der Stoßstange fanden sich ein breiter und zwei schmale Lufteintritte. Der 116-PS starke 1,8-Liter-Motor war der gleiche Vierzylinder, der im BMW 318i zum Einbau kam, wobei es bis Ende 1998 auch einen 1,9-Liter mit 140 PS gab. Im September 1996 kam der Sechszylinder Z3 2.8i hinzu; der Vierventil-VANOS-Motor war der des BMW 328i. Ab 1999 stand für den Z3 ein Hardtop zur Verfügung.

Es war abzusehen gewesen, dass BMW den Z3 mit weiteren Motorisierungen anbieten würde. So wurde der Wagen (Modellreihe E36-7) ab 1999 mit einem Zweiliter-Sechszylinder-Aggregat angeboten, das den 1,9-Liter ersetzte, aber nur kurz im Programm blieb und dann dem Modell 2.2i Platz machte. Zugleich erschien der Z3 3.0i, dessen Doppel-VANOS-Sechszylindermotor mit zwei obenliegenden Nockenwellen 231 PS leistete und für den 1258 kg leichten Zweisitzer das maximal Zumutbare darstellte – zumindest für den Augenblick.

Die Embleme und die vier Endrohre verraten es: Ab 1998 gab es das Z3 Coupé auch als M-Variante mit dem Sechszylinder des M3 (E36).

Für das Modelljahr 2000 ließ BMW dem Z3 einige kosmetische Verbesserungen angedeihen. So wurde die hintere Spur verbreitert, es gab neue Rückleuchten, neue Stoßfänger und einen geänderten Kofferdeckel. Die Scheinwerfer wurden mit etwas attraktiveren Einfassungen durch Chromränder versehen.

Da der Z3 Roadster ein zwar reizvoller Sportwagen war, BMW aber glaubte, dass eine große Klientel ein solches Auto sich auch als Coupé wünschte, kam man diesen Erwartungen nach und stellte im Herbst 1997 den Z3 als eine Art Kombicoupé mit Heckklappe vor. Im Januar 1998 war Baubeginn des Coupés.

Der Absatz des geschlossenen Z3 hielt sich in Grenzen; er machte mit rund 20.000 Stück nicht einmal 8 Prozent der gesamten Z3-Produktion aus. So geriet er zur automobilen Rarität, zumal die gesamte Baureihe mit dem Erscheinen des Z4 endete.

Von 1998 bis 2000 gab es das Z3 Coupé als 2.8Ci, von 2000 bis 2003 als 3.0Ci. Serienmäßig waren beide Modelle mit ASC+T ausgestattet. Eine M-Version mit 321 PS starkem 3,2-Liter-Motor (dohc-Vierventiler) wurde in geringer Stückzahl 1997-2000 verkauft; diese Ausführung kostete in Deutschland 95.000 Mark und damit um die Hälfte mehr als der 3,0-Liter-Roadster. Im Oktober 1997 erfolgte die Auslieferung des hunderttausendsten BMW Z3.

Bevor der ab Anfang 1998 lieferbare Z3 als M-Coupé auf die Straße kam, gab es eine solche Version bereits als Roadster. Dieses von 1997 bis 2000 gebaute Auto trug offiziell indes nicht die Chiffre Z3, sondern hieß schlicht M Roadster. Mit 321 PS und abgeregelten 250 km/h Spitze war ein extrem sportliches Fahrzeug entstanden.

Am 5. Juli 2002 lief der letzte Z3 vom Band. Mit knapp 280.000 produzierten Fahrzeugen war der Z3 ein sehr erfolgreiches Modell für BMW. Sein Nachfolger wurde der Z4.

Der BMW Z3 in bester Gesellschaft: Für diese Aufnahme lieferte ein BMW 507 das Hintergrund-Motiv.

CARAT
EXTREMO
MVR

René Staud fotografierte für BMW einen der Z8 Roadster, die bei den Dreharbeiten zum James-Bond-Film »Die Welt ist nicht genug« mit Pierce Brosnan eingesetzt wurden.

RETROKLASSIKER: BMW Z8

Als eindrucksvoller Klassiker mit dezentem Retro-Look setzte der Roadster Z8 eine lange Tradition der Marke BMW fort. Er war ein Hochleistungs-Sportwagen für eine verwöhnte, exklusive Klientel. Noch vor der offiziellen Einführung im Herbst 1999 gab der Z8 sein Debüt in dem James-Bond-Kriminalthriller »Die Welt ist nicht genug«. Bei Gefahr konnte Bond den Wagen per Fernsteuerung zu sich holen. Die Fernsteuerung war in dem aufklappbaren Zündschlüssel des BMW verborgen... Leider wurde der Z8 im Film zerstört und in der Mitte zerteilt, was vielen BMW-Liebhabern nicht besonders gefallen haben dürfte.

Die stilistisch geschickt angedeuteten Anklänge an den legendären BMW 507 ergaben sich aus den Proportionen der Frontpartie, des Instrumentariums und jenes angedeuteten Lufteinlassdekors, das als Extravaganz an den Karosserieseiten des 507 schon im Jahre 1956 für Aufsehen gesorgt hatte. Man durfte von einem Sportwagen der Superlative sprechen, den BMW auf der IAA 1999 in seiner Serienausführung präsentierte. Schon eine vorher gezeigte Studie namens Z07, vorgeführt in Paris im Oktober 1997 und in Detroit Anfang 1998, hatte erkennen lassen, dass man an einem Roadster arbeitete, der dem berühmten 507 nachempfunden war

– und der Kenner erkannte beim Z8 dann auch die gesuchten und gefundenen Parallelen.

Der bewusst auf eine begrenzte Stückzahl ausgelegte Z8 hatte einen Aluminium-Spaceframe und wies auch im Fahrwerk und im Aufbau zahlreiche Leichtmetall-Komponenten auf, für die man vor allem im Werk Dingolfing, wo der Wagen überwiegend in Handarbeit gebaut wurde, über viel Erfahrung verfügte. Die Höchstgeschwindigkeit des anspruchsvollen Zweisitzers mit seinem 400 PS starken V8-Motor – ein 4941-ccm-Vierventiler mit vier Nockenwellen – aus dem M5 hatte man bei 250 km/h abgeregelt.

Mit Einführung des Z8 lief die Produktion des 8er Coupés E31 aus. Die letzten 840i und 850i waren 1999 nur noch auf Wunsch gebaut worden. »Wir sind uns darüber im Klaren, dass wir mit einem Wagen wie dem Z8 keine Profite einfahren können,« sagte Vorstandsmitglied Dr. Wolfgang Ziebart bei der Vorstellung des Zweisitzers, dessen Fertigung im April 2000 in Dingolfing begann, »Oder nur sehr kleine...«

Die Entscheidung, den Z8 in dem Film einzusetzen, war bereits gefallen, nachdem der Produktionsgesellschaft Anfang 1998 erste Fotos der Design-Studie BMW Z 07 vorlagen.

Bonds ferngesteuerter und mit Raketen bewehrter Z8 wird im Film von Hubschraubern mit Sägeblättern gejagt und der Länge nach durchschnitten.

Der Listenpreis des Z8 betrug 235.000 Mark bzw. 125.360 Euro. Sieben Jahre werde der Z8 im Programm bleiben, ohne Veränderungen, so hieß es; ein Coupé war nicht vorgesehen.

Dass der Z8 bereits Ende Juli 2003 wieder aus dem Programm genommen wurde, lag weniger an der wegen des Preises zwangsläufig geringen Nachfrage, sondern weil von vornherein eine Stückzahl von nur 5700 Fahrzeugen geplant gewesen war, die man vorfristig erreicht hatte. Für Ersatzteile wurde eine Liefergarantie von 50 Jahren gewährt. Die Leser der Zeitschrift »Motor Klassik« bescheinigten in einer Umfrage dem Z8 das Prädikat eines wertvollen Sammlerwagens von morgen – was er eigentlich schon heute ist.

Für die Szenen, in denen der Wagen zerstört wird, kamen eine Original-Karosserie sowie nachgebaute Kunststoff-Teile auf dem Chassis eines Cobra-Nachbaus zum Einsatz.

M 6701

Der BMW M6 (E63, 2005 bis 2010) wurde von der BMW M GmbH entwickelt und gebaut. Mit seinem V10 ist er der höchstmotorisierte BMW der 6er-Reihe. Foto: BMW AG

SUPERLATIV: BMW M6

Mit der Familie M6 hat BMW eine Baureihe geschaffen, deren Verwandtschaft auf den ersten Blick erkennbar ist. Doch abgesehen davon erfüllt jedes 6er Modell ganz unterschiedliche Bedürfnisse einer anspruchsvollen Klientel.

Der M6 gab sein Debüt auf der Genfer Automobilausstellung im März 2005. Das Cabriolet, dessen offizielle Weltpremiere auf der British International Motor Show in London stattfand, folgte im Juli 2006.

Der BMW M6 besaß einen 500 PS starken Zehnzylindermotor. Die Nennleistung wurde bei 7750/min erreicht, bei 6100/min lag das maximale Drehmoment von 520 Nm an. In einem Test der Zeitschrift »auto, motor und sport« brauchte das Coupé nur 4,2 Sekunden von Null auf 100 km/h. Die Höchstgeschwindigkeit war serienmäßig bei 250 km/h abgeregelt. Doch für einen Aufpreis von rund 2350 Euro wurde die Höchstgeschwindigkeit auf 305 km/h angehoben, inklusive eines BMW-Fahrertrainings auf einer Rennstrecke. Ganz ohne elektronische Begrenzung erreichte der

»Eine Zeitlang haben wir mit grafischen Elementen experimentiert«, erläutert René Staud. Eine Vorsatzwand zwischen Fahrzeug und Hintergrund, deren Öffnung durchleuchtet wird, erzeugt das farbige Rechteck.

M6 sogar eine Höchstgeschwindigkeit von 335 km/h. Der Zehnzylindermotor verfügte über eine zylinderselektive Drosselklappensteuerung, im Unterschied zu diesem jedoch über eine VANOS, die mit 80 bar Öldruck aus einer kettengetriebenen Hochdruckpumpe beaufschlagt wurde, sowie über einen Luftmassenmesser pro Zylinderbank. High Tech pur!

Die Fahrzeugcharakteristik ließ sich individuell elektronisch anpassen. So konnte man zum Beispiel die Stoßdämpfer in drei Stufen (Komfort, Normal, Sport), die Schaltgeschwindigkeit des automatisierten Siebenganggetriebes verstellen sowie die volle Motorleistung aktivieren, die nach dem Starten auf 400 PS reduziert wurde. Die Stabilitätskontrolle war abschaltbar sowie auf einen MD genannten Modus einstellbar, der ein Ausbrechen des Fahrzeugs verhinderte. Das M6 Coupé besaß ein Dach aus Kohlefasermaterial; der Leichtbau ergab einen tieferen Fahrzeugschwerpunkt.

Dem BMW M6 Coupé bescheinigtr das Werk einen »Begeisterungssturm aus Kraft und Schönheit« und nannte das BMW M6 Gran Coupé bei seiner Vorstellung als ein »Gesamtwerk aus Komfort, Dynamik und exklusiver Eleganz«.

Das M6 Cabriolet kostete 116.300 Euro. Trotz seines hohen Preises war das M6 Cabrio im Konkurrenzumfeld ein gutes Angebot: Schon die geschlossene Variante des Mercedes-Benz CL mit ebenfalls über 500 PS beispielsweise kostete gut 33.000 Euro mehr. Porsches Top-Turbo mit weniger Leistung und geringerem Platzangebot stand mit 133.000 Euro im Katalog. Aber direkt vergleichbar waren die Fahrzeuge nicht. Bis zum Produktionsende Mitte des Jahre 2010 wurden 14.152 Exemplare des M6 gebaut, 9087 Coupés und 5065 Cabrios.

Polarlichter auf Island: Für die Firma Bridgestone hat René Staud die Landschaft vor Ort fotografiert und das im Studio fotografierte Fahrzeug hineinmontiert.

Auch dieser BMW E90 wurde für Bridgestone abgelichtet: Der Birkenwald wurde in Schweden fotografiert, der Wagen im Studio in Leonberg.

Hier lieferte den malerischen Alpen-Hintergrund Sankt Moritz im schweizerischen Engadin.

EVERGREEN: BMW 3ER E90

Der E36 war der bis 1998 meistverkaufte BMW gewesen. Die ihm folgende, vierte vierte Generation des 3er, als E46 im Frühjahr 1998 eingeführt, kam zunächst wieder als viertürige Limousine auf den Markt, dem das Coupé mit Jahresabstand folgte. Noch besser nutzbarer Innenraum, noch höherwertige Ausstattung, aber unter Beibehaltung möglichst vieler Stilelemente – das waren die Vorgaben für den bis 2006 gebauten E46 gewesen, für den auch wieder eine umfassende Motorisierungspalette zur Wahl stand. Auffallend war nicht nur die aerodynamisch noch effizientere Frontgestaltung, sondern auch die stärkere Akzentuierung der Heckpartie mit den L-förmigen Rückleuchten. Aber auch im Interieur gab es Optimierungen, so bei den großen Rundinstrumenten mit der orangefarbenen Beleuchtung ihrer Skalen, durch raffinierte Ablagemöglichkeiten und viele gut durchdachte Details zur Entlastung des Fahrers und zur Steigerung des Komforts seiner Passagiere.

Eine neue Generation der beliebten BMW 3er-Reihe erschien im Modellwechsel-Zyklus Anfang 2005 und setzte den Welterfolg dieser Klasse fort. Ab September 2005 war auch wieder eine Touring-Version erhältlich. Wie die 3er Limousine E90 verfügte auch der fünftürige Touring E91 über neue Motoren, kräftiger als ihre Vorgänger und dennoch wirtschaftlicher im Verbrauch. Als Modell 325i mit 218 PS – 26 PS mehr als vorher – wies er nämlich ein geringeres Gewicht auf, dank Verwendung von Leichtmetall am Fahrwerk und Magnesium für Kurbelgehäuse und andere Motorteile.

Serienmäßig erhielt der neue Touring ein Sechsgang-Handschaltgetriebe (optional: Sechsstufen-Automatik) mit engen Abstufungen. Die Optik des Wagens wies eine dynamische Silhouette auf mit einer Dachlinie, die weich zum Schrägheck abfiel, wobei die Scheibenflächen coupéhaft klein wirkten – dem aktuellen Trend folgend, der die einst so gepriesenen Vorteile großzügiger Fensterflächen ignorierte. Auch auf ein Ersatzrad wurde verzichtet.

Der E90 und seine Derivate hatten das Zeug zum Klassiker. Im Mai 2007 erschien das Cabrio F93 mit variablem Stahldach (VHT genannt: versenkbares Hardtop). Im September gab es ein Facelift für Limousine und Touring. Front- und Heckschürze, die Außenspiegel, die Leuchten sowie Motorhaube und Heckklappe hatte man geändert, auch wurde die Spur verbreitert. Die BMW-Niere wurde neu gestaltet und die seitliche Linienführung optisch gestreckt. Die vorderen Sitze wurden mit crashaktiven Kopfstützen ausgestattet. Einige bisherige Sonderausstattungen, wie zum Beispiel das Lederlenkrad mit Multifunktionstasten, gab es jetzt serienmäßig. März: Facelift für das Coupé und das Cabriolet. M3 jetzt ebenfalls als Cabrio. Front- und Heckschürze sowie die Leuchten sind geändert. Die Frontniere wurde neu gestaltet, auch das Interieur hat man dezent überarbeitet.

Im September 2011 erfolgte die offizielle Ankündigung des E90-Nachfolgers F30 für das Frühjahr 2012; das Cabriolet E93N wurde noch bis 2014 produziert.

... und wieder fand der BMW erst in den Staud Studios in Leonberg und mithilfe der Nachbearbeitung seinen Weg in die real fotografierte Szene.

Auch hier hat der Wagen Kroatien nicht gesehen, doch wir sehen ihn vor den Plitvicer Wasserfällen.

Die Baureihe E53 (links) begründete 1999 den Erfolg des Modells BMW X5, die Reihe E70 setzte ihn ab 2006 fort. Foto: BMW AG

ALLESKÖNNER: BMW X5

Seit November 1999 laufen im BMW Werk Spartanburg, USA, nicht nur Sportzweisitzer vom Band. Dort werden seither auch geländegängige Allzweckfahrzeuge gebaut, Kombilimousinen mit permanentem Vierradantrieb, für die BMW den Begriff »Sports Activity Vehicle« prägte. SAV, wie sich »Sports Activity Vehicle« abkürzt, ist als Abwandlung des nicht nur in den USA gebräuchlichen SUV zu verstehen: Sports Utility Vehicle.

Schon der erste BMW SAV vom Typ X5, intern als E53 bezeichneter Viertürer mit Heckklappe, sorgte für Aufsehen. Mit diesem Auto reagierte BMW auf einen Trend, dem auch andere große Hersteller folgten und der sich auf dem amerikanischen Markt besonders stark ausgeprägt hatte.

Mit seinem von der Firma Magna in Österreich entwickelten Allradantrieb und einem Fahrwerk, das im technischen Aufbau dem des 7er BMW entsprach, war der X5 etwa 15 cm kürzer als der 5er Touring. Seine Fahreigenschaften ließen keine Kompromisse erkennen – offroad (wenn man ihn nicht mit einem Land Rover verglich) wie onroad. Als Motorisierung standen zunächst der

Der E70, hier beim Fahrer-Training in Namibia, hatte als erter X5 eine Aktiv-Lenkung. Foto: BMW AG

3,0-Liter-Sechszylinder (231 PS) und ein 4,4-Liter-V8 (286 PS) zur Verfügung; 2000 folgte der 3,0-Liter-Turbodiesel.

Nach 580.000 verkauften Fahrzeugen vom Typ X5 stellte BMW im August 2006 dieses Modell in seiner nächsten Auflage vor, den Typ E70. Er war das erste Auto in dieser Kategorie mit Aktivlenkung (Adaptive Drive) und serienmäßiger Runflat-Bereifung. Serienmäßig war jetzt auch ein weiterentwickeltes iDrive-Bediensystem, lieferbar war ferner ein Headup-Display. In seiner Karosserie- und Fahrwerkkonstruktion war der E70 gegenüber seinem Vorgänger E53 vollständig neu entwickelt worden; er hatte um 19 cm in der Länge zugenommen, was dem Innenraum zugute kam. Auf Wunsch ließ sich jetzt sogar eine dritte Sitzreihe installieren. Ausstattung und Fahrkomfort erhielten Aufwertungen, auch die Geländegängigkeit hatte man optimieren können.

In seiner Grundversion hatte der neue X5 einen Sechszylindermotor von 2996 ccm mit 272 PS (18 Prozent mehr Leistung als vorher); es gab daneben den 3.0d als 231-PS-Diesel (+ 8 Prozent) und einen 286 PS starken Doppelturbodiesel bei gleichem Hubraum

Auch den X5 lichtete René Staud für den Reifen-Hersteller Bridgestone ab: Die Gletscherhöhle auf Island fotografierte er vor Ort, die Fahrzeuge aber...

... kamen im Studio vor die Linse. Allerdings sind die Spiegelungen der Höhle im Lack echt: Auch sie wurden am Originalschauplatz auf glänzend lackierten Platten eingefangen.

Was ist groß, was ist klein? Der Meeresboden entstand in einem drei Meter breiten Wasserbecken als Modell. Der X5 wurde verkleinert eingefügt.

von 2993 ccm. Als Topmodell fungierte der X5 4.8i mit 4799 ccm und 355 PS.

2008 erfolgte eine Umstellung der Modellbezeichnungen, etwa 30d oder 50i statt bisher 3.0d oder 5.0i, und die neue Generation des Allradantriebs kennzeichnet das vorangestellte Kürzel xDrive. Im Herbst 2009 erschien ein auf 500 Fahrzeuge limitiertes Editionsmodell 10 Jahre BMW X5. Im Juni 2010 erhielt der X5 ein Facelift, bei BMW jetzt LCI genannt. Im Innenraum wurden keine Veränderungen vorgenommen, doch das Exterieur wurde insoweit überarbeitet, als die Frontschürze nun nicht mehr nur teillackiert war. Außerdem waren die Nebelscheinwerfer etwas nach oben gewandert.

Die Motorenpalette wurde komplett erneuert, wobei vor allem ein neuer Reihensechszylinder-Diesel erwähnenswert ist, der

mittlerweile in fast allen Baureihen Einzug gehalten hatte. Die Sechsgang-Automatik wurde durch ein automatisches Getriebe mit acht Gängen ersetzt. Zudem führte BMW beim X5 etliche Fahrerassistenzsysteme ein, wie die Speed Limit Info, eine aktive Geschwindigkeitsregelung, und Sideview zum besseren Einparken. Dies war nicht zuletzt deswegen nötig, weil die Mitbewerber so etwas in dieser Klasse bereits anboten.

Aperçu: Im Juni 2008 urteilte das Landgericht München, dass ein chinesischer Geländewagen-Hersteller eine exakte Kopie des BMW X5 der Generation E53 unter der Marke Shuanghuan herausgebracht hatte. Dem beklagten Importeur dieser Fahrzeuge wurde untersagt, diese Autos in Deutschland anzubieten, und man ordnete eine Vernichtung sämtlicher Fahrzeuge mit »diesem bestimmten Aussehen« an, die beim Beklagten in Besitz oder Eigentum standen...

Auch hier sind die Eisberge echt, aber verfremdet und gedreht. »Bildbearbeitung ist ein künstlerisches Werkzeug, aber nicht die Quelle der Fotografie«, erläutert René Staud.

FUTURISTISCH: BMW i8

Erste Versuche mit elektrisch angetriebenen Fahrzeugen startete man bei BMW 1967. In einer eigens hierfür eingerichteten Abteilung entstand ein i -Zweitürer auf Basis des damals aktuellen Modells 1602 der Nullzweier-Reihe. Mit einer Spitze von 80 km/h gab man sich zufrieden, denn das Mehrgewicht durch die Akkus von 350 kg bewirkte eine gewisse Behäbigkeit und diktierte zugunsten eines optimalen Aktionsradius die Limits. Man hatte die Akkus unter der Fronthaube untergebracht, während der Motor an der Stelle des Schaltgetriebes seinen Platz fand. Über eine Kardanwelle und Halbachsen wurden die Hinterräder angetrieben.

Zeitraffer: 36 Jahre später, nämlich Anfang 2011, wurden die Weichen gestellt für die Submarke BMW i für nachhaltige Mobilitätslösungen, sie sollte für eine neue Art von sogenannter Premiummobilität stehen: »Mit der Einführung der neuen Submarke beabsichtigt BMW seine Position als innovativer und nachhaltiger

Die Lichtsignatur des BMW i8 und die gezielten Reflexe der Studiobeleuchtung im schwarzen Lack ergänzen sich zu einem Spiel aus Licht und Schatten.

Fotografie ist im Wortsinne das Zeichnen mit Licht – eine Philosophie, die in René Stauds Studio-Arbeiten in Perfektion verwirklicht ist.

M BI 4120

Automobilhersteller zu akzentuieren. Die Nachfrage nach alternativen Antriebsformen, wie Elektroantrieb oder Hybriden, nahm zu... In Megastädten suchen viele Menschen nach Angeboten, die die Vorteile verschiedener Mobilitätsformen intelligent kombinieren«, wie es hieß. BMW plante zwei Modellreihen ab 2013 unter der neuen Submarke an den Start zu bringen. Darüber hinaus wollte die BMW Group zukünftig ihr Angebot an Mobilitätsdienstleistungen ausbauen, wofür die Beteiligungsgesellschaft BMW i Ventures gegründet wurde. Der vollelektrische BMW i3 ging Ende 2013 in Produktion. »Er soll eine Revolution werden«, wie der damalige BMW Chef Dr. Norbert Reithofer sagte. Im Frühjahr 2014 verließen bis zu 70 BMW i3 pro Tag die Werkshallen. Die Nachfrage stieg kontinuierlich: Auf das eigenwillig gestylte, aus Karbon, Aluminium und Kunststoff gebaute Auto mussten Kunden mindestens ein halbes Jahr warten.

Auf der IAA 2013 erfolgte die Präsentation des BMW i8 in seiner Ausführung als Serienmodell – ein Coupé, das erstmals im September 2009 als Concept Car zu sehen gewesen war. Der Zweisitzer sollte 126.000 Euro kosten. Das von der BMW Group entwickelte und im Werk Leipzig gebaute Plug-in-Hybrid-System des BMW i8 bestand aus einem kompakten, in Steyr gefertigten Dreizylinder-Benzinmotor mit BMW TwinPower-Turbotechnik, einem Elektroantrieb und einer auch an der herkömmlichen Haushaltssteckdose aufladbaren Lithium-Ionen-Batterie. Der Verbrennungsmotor leistete beachtliche 170 kW (231 PS) und trieb die Hinterräder an, zwei zusammen 96 kW (131 PS) starke, vorn installierte Elektromotoren leiteten ihre Kraft an die Vorderachse. Die Gesamtleistung betrug somit 266 kW (362 PS), die das Fahrzeug in 4,4 Sekunden von Null auf 100 km/h beschleunigte und eine Spitzengeschwindigkeit von 250 km/h ermöglichte. Dabei sollte er nur 49 g/km CO2 ausstoßen und 2,1 Liter Benzin verbrauchen. Als Energiespeicher dienten 98 Polymer-Batteriezellen. Die Reichweite des Fahrzeugs sollte bei ausschließlicher Verwendung des Ottomotors nach Werksangabe 550 Kilometer betragen. Durch Zuschaltung der Elektromotoren erhöhte sich die Reichweite um 50 Kilometer. Roadster-Prototyp wurde im Herbst 2017 vorgestellt.

Seit der Markteinführung des i3 im Jahr 2013 hat BMW bis Mitte 2018 über 210.000 elektrifizierte Fahrzeuge auf die Straße gebracht. Besonders gefragt waren die Stromer-Modelle in Westeuropa und in den USA, wo ihr Anteil am Gesamtabsatz der Marke BMW 2020 jeweils bei sieben Prozent lag. In Skandinavien war

René Staud macht aber auch Fahr- und Außenaufnahmen wie hier mit dem BMW i8 bei Cortina d'Ampezzo in Norditalien.

Auch bei den Außenaufnahmen entstehen komponierte Detail-Ansichten mit bewusst eingesetzten Mitteln von Licht, Perspektive und Farbe.

i8

bereits jeder vierte verkaufte BMW elektrifiziert und der i3 dort seit 2016 das meistverkaufte BMW-Modell überhaupt. In Deutschland erreichten die Neuzulassungen von vollelektrischen und Plug-in-Hybrid-Fahrzeugen von BMW 2017 mehr als 10.000 Einheiten. Coupé und Roadster – beide inzwischen zu Kultobjekten mutierte Modelle – wurden im BMW-Werk Leipzig auf einer Linie hergestellt. Die Produktion des i8 endete am 11. Juni 2020. Insgesamt wurden 20.448 Exemplare dieser Baureihe hergestellt.

Neben der Perspektive verleiht auch der Beschnitt einem Bild Dynamik, zum Beispiel, wenn das Fahrzeug den Bildrahmen verlässt.

1975: Alexander Calder, BMW 3.0 CSL

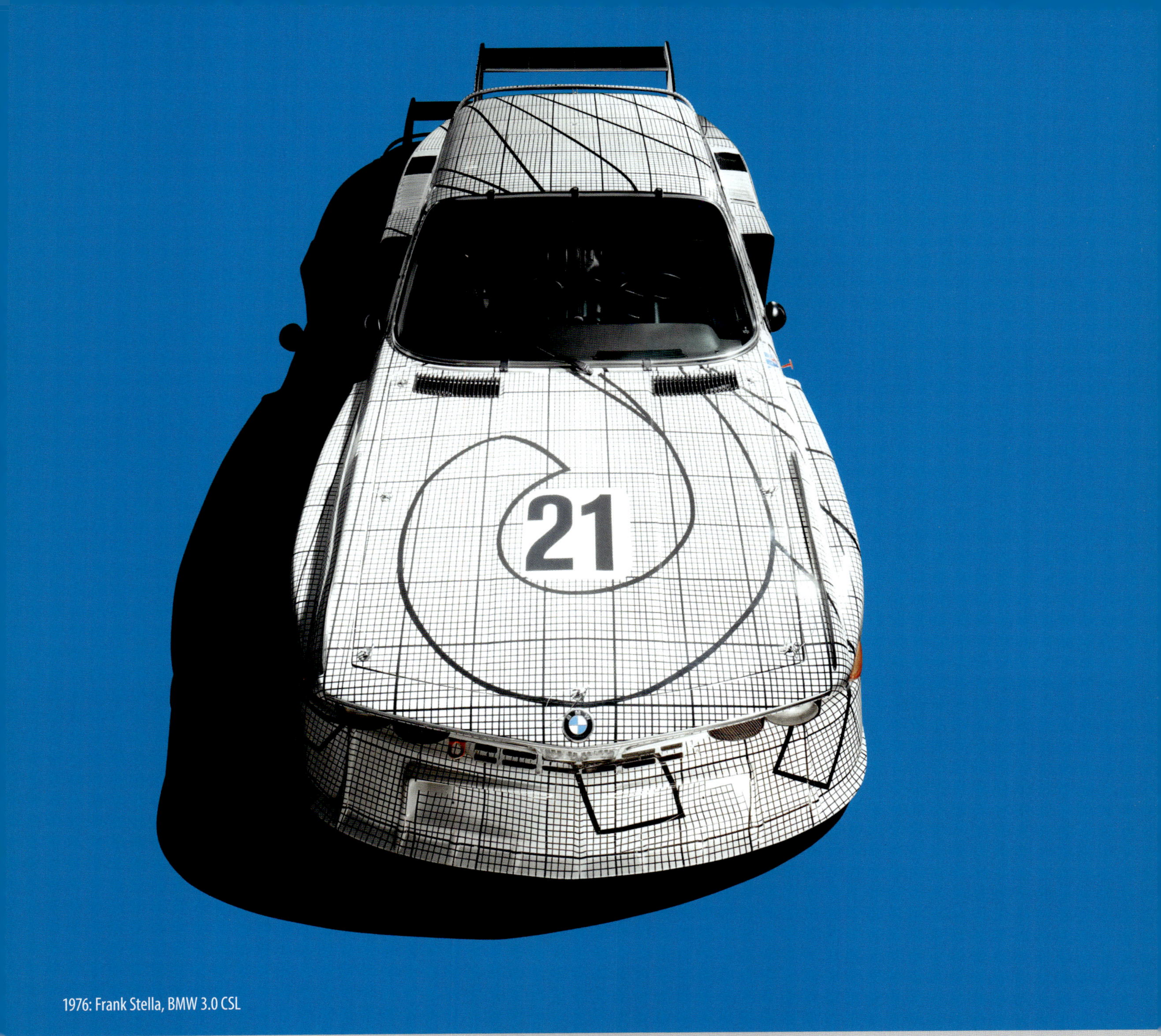

1976: Frank Stella, BMW 3.0 CSL

KUNSTOBJEKTE: BMW ART CARS

Die Idee, eine Automobilkarosserie durch einen prominenten Künstler zu individualisieren, hatte ein Franzose. Es war der Auktionator und Amateur-Rennfahrer Hervé Poulain

Auf Poulains Initiative bemalte 1975 der amerikanische »Mobile«-Erfinder Alexander Calder ein BMW 3.0 CSL Le-Mans-Rennsportcoupé und legte damit den Grundstein für eine ständig erweiterte Kunstsammlung, denn das gelungene Experiment wurde fortgesetzt: Ein Jahr nach Calder überzog der New Yorker Frank Stella einen BMW mit dem für ihn typischen Rastermuster – so irritierend wie faszinierend.

Es folgte eine Reihe namhafter Pop-Art-Künstler wie Roy Lichtenstein, Andy Warhol und Robert Rauschenberg. Bis auf Rauschenbergs Art Car nahmen die von diesen Künstlern gestalteten Fahrzeuge am 24-Stunden-Rennen von Le Mans teil und waren

1977: Roy Lichtenstein, BMW 320i

1979: Andy Warhol, BMW M1

1982: Ernst Fuchs, BMW 635 CSi

auch recht erfolgreich. Zu Beginn der Achtziger Jahre wurde der Charakter der Art Car-Sammlung vielseitiger: Künstler anderer Nationalitäten und anderer Stilrichtungen kamen hinzu, so der Österreicher Ernst Fuchs, die Australier Ken Done und Michael Jagamara Nelson, der Japaner Matazo Kayama und der Spanier César Manrique.

Auch das Spektrum der ausgewählten Modelle wurde breiter. Nicht mehr nur Rennsportfahrzeuge wurden bemalt, sondern Fahrzeuge aus der Serienproduktion. Zum Beispiel ein BMW Z1, den A.R. Penck im Frühjahr 1991 als erster Deutscher unter den Art Car-Künstlern bemalte. Das zwölfte Kunstauto, zugleich das erste von einer Frau gestaltete, entstand ein halbes Jahr später in Südafrika; Esther Mahlangu aus dem Transvaal gab einem BMW 525i eine neue Erscheinung. Der Italiener Sandro Chia folgte 1992 mit der Bemalung eines Prototyps eines BMW Renntourenwagens der 3er Reihe. 1995 kam als vierzehnter Künstler der Engländer David Hockney hinzu, der einen BMW 850 CSi gestaltete.

1989: Michael Nelson Jagamarra, BMW M3

1990: César Manrique, BMW 730i

1991: A. R. Penck (Ralf Winkler), BMW Z1

1999 kehrte die Art Car Idee zurück an den Ursprung ihrer Entstehung, nach Le Mans. Die amerikanische Konzeptkünstlerin Jenny Holzer hat einen BMW V12 Le Mans Rennsportwagen mit ihrer Wortkunst »beschrieben« und damit das 15. Fahrzeug der BMW Art Car Collection geschaffen. 2010 entstand Art Car Nr. 16 durch Jeff Koons. Er dynamisierte einen BMW M3 GT.

Die Art Cars reisen um die Welt; auf ihrer großen Tournee haben sie unter anderem in großen Museen Station gemacht. Einige Beispiele: Louvre und Centre Pompidou in Paris, Whitney Museum of American Art in New York, Fine Arts Museum in Dallas, Palazzo Grassi in Venedig, Powerhouse Museum in Sydney, Empresshouse in Singapur, Museum of Fine Arts in Taipei, Cultural Centre in Hongkong, Royal Academy in London, Museum Ludwig in Köln, Guggenheim Museum in New York, Haus der Kunst in München sowie Eremitage in St. Petersburg.

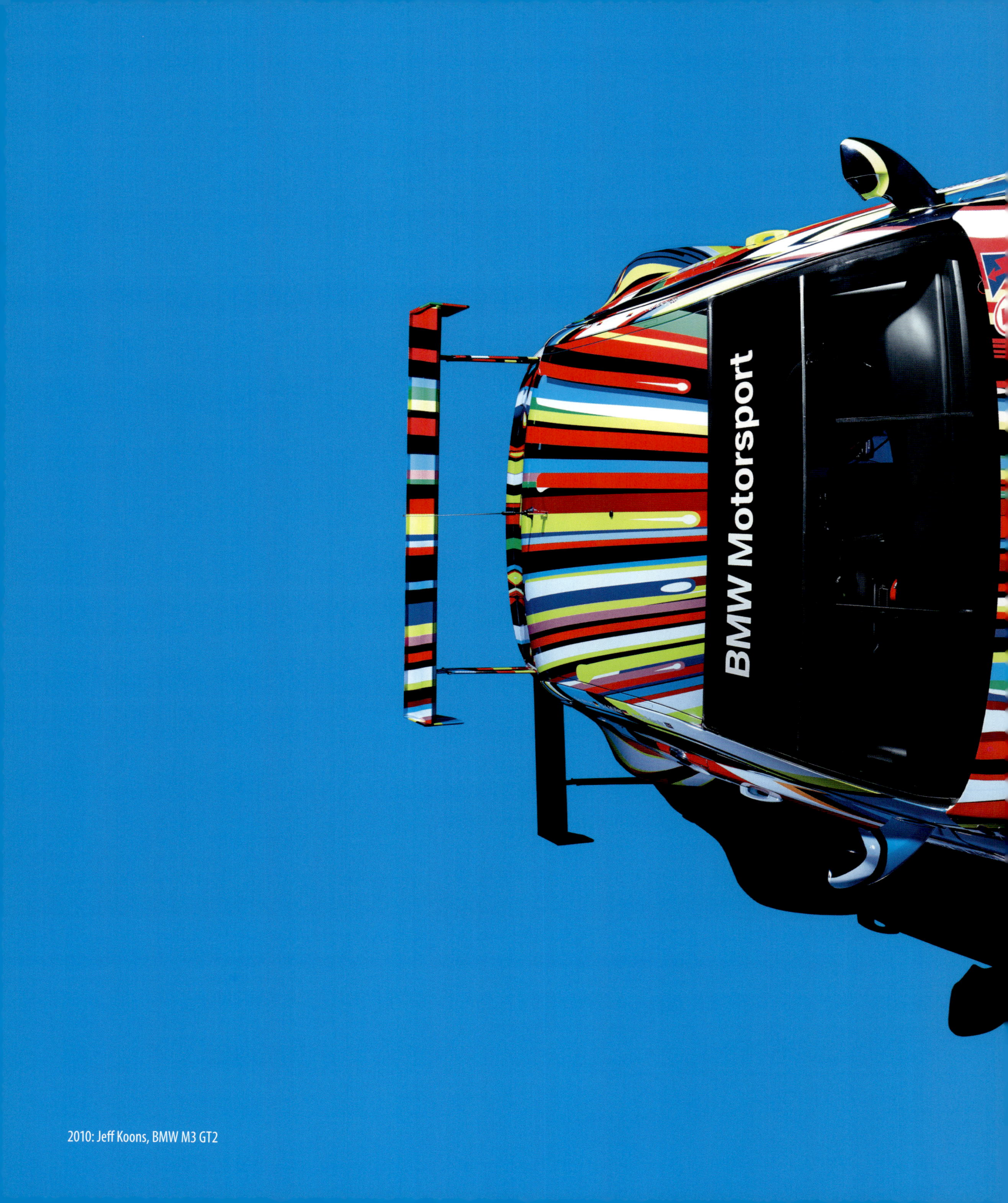

2010: Jeff Koons, BMW M3 GT2

MOTORRÄDER

Die R32 von 1923 war das erste Motorrad, das BMW auf den Markt brachte. Foto: BMW AG

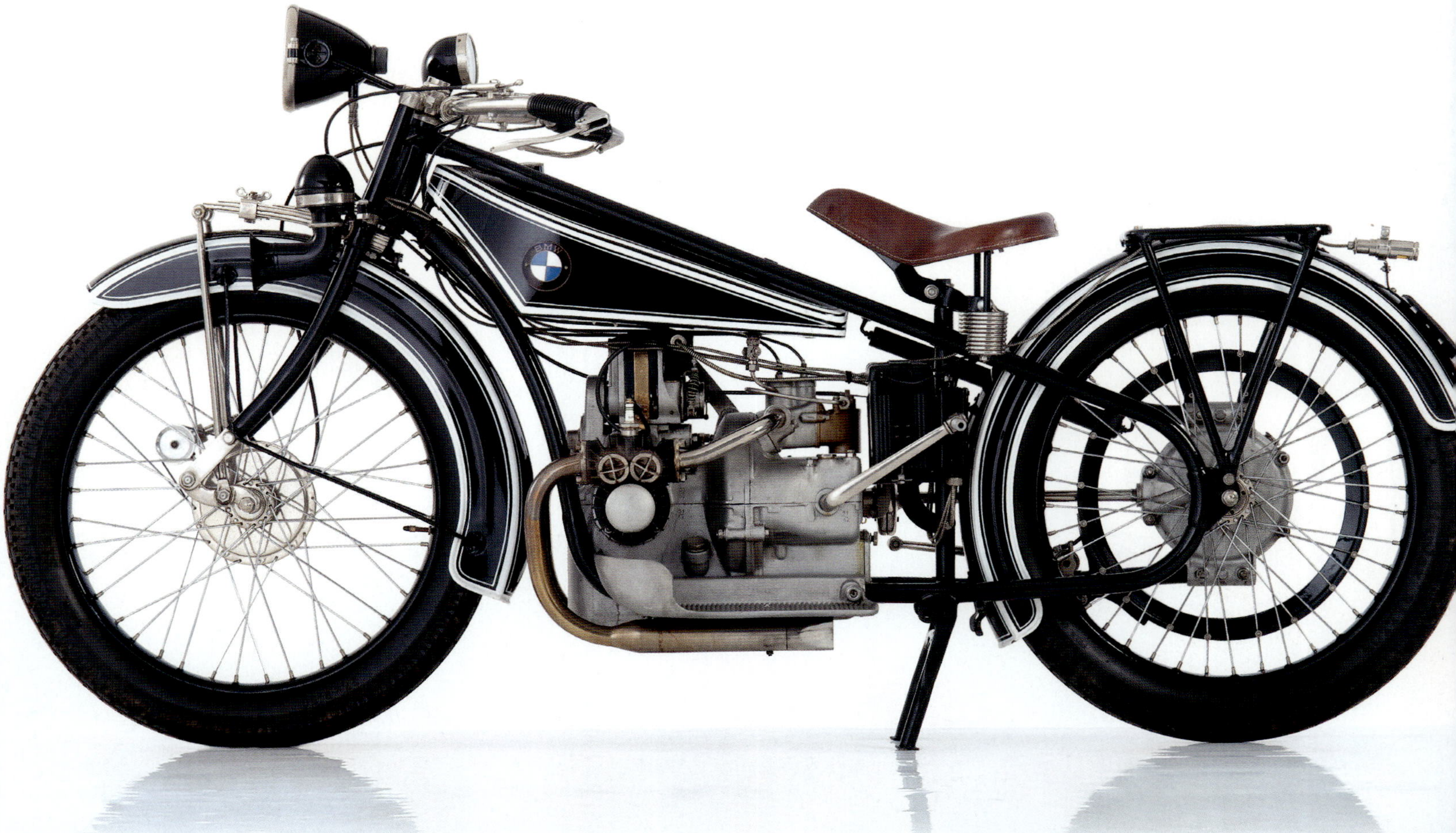

BMW MOTORRAD-MEILENSTEINE

Als die Bayerischen Motoren Werke Ende 1923 mit ihrer ersten R32 genannten Zweiradkonstruktion auf den Markt kamen, erfolgte dies genau zum richtigen Zeitpunkt. Die wirtschaftlichen Verhältnisse in Deutschland begannen sich wieder zu stabilisieren. Kleine Motoren hatte BMW als Zulieferer bereits an die Hersteller Flottweg, Flink, Victoria und Helios geliefert, doch Chefkonstrukteur Max Friz sah für BMW große Chancen als Hersteller von Motorrädern in eigener Regie, parallel zum Bau von Flugmotoren.

Die BMW-motorisierte Helios, die von der R32 abgelöst wurde, hatte noch einen längs eingebauten Zweizylinder-Boxermotor gehabt. Die R32 hingegen wies einen quer zur Fahrtrichtung in den verwindungssteifen Doppelrohrrahmen gesetzten, mit dem Getriebe sauber verblockten Boxermotor auf und hatte einen öldicht gekapselten Kardan- statt Kettenantrieb. Der 494-ccm-Motor leistete zwar nur 8,5 PS, bewies aber eine hohe Zuverlässigkeit.

Die erste BMW Einzylinder-Maschine war die 1925 herausgekommene R39. Mit 247 ccm und 6,5 PS lief dieses Motorrad an die 100 km/h. In dichter Folge kamen jetzt immer neue, stärkere und schnellere Modelle auf den Markt. Im Motorsport qualifizierten sich Fahrer wie Sepp Stelzer, Ernst Henne, Karl Gall, Paul Greifzu, Otto

1928 wurde im Motorradgeschäft von BMW eine neue Ära eingeläutet, als mit der Tourenmaschine R62 (im Bild) und der sportlichen R63 die ersten Modelle der 750-ccm-Klasse vorgestellt wurden. Foto: BMW AG

18 PS Leistung und ein vielgerühmtes Fahrwerk machten die zuverlässige R62 zum herausragenden Reisemotorrad der 1920er Jahre.

BMW

Die BMW R12 bot ab 1935 mit ihrer ölgedämpften Telegabel einen großen Fortschritt in Sachen Fahrkomfort. Foto: BMW AG

Die als Sportmaschine konzipierte BMW R5 kam 1936 mit einem wegweisenden Doppelschleifenrahmen auf den Markt. Foto: BMW AG

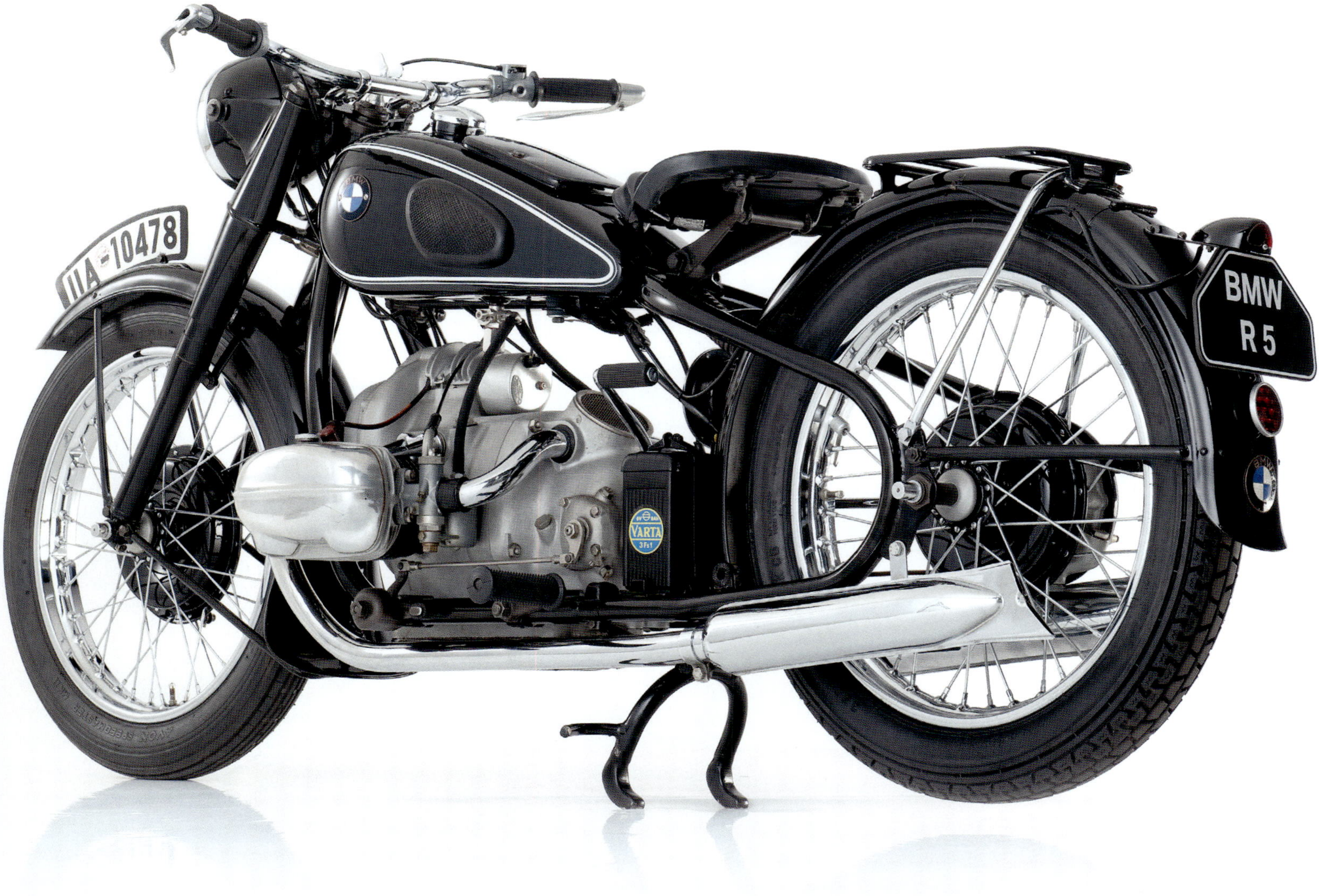

Steinfellner und unendlich viele andere auf den vordersten Rängen; Henne absolvierte auf BMW Motorrädern sogar eine Anzahl von Weltrekorden: im Laufe der Geschichte waren es nicht weniger als 206. Und zwanzig Jahre lang hielt BMW ohne Unterbrechung die Markenweltmeisterschaft für Seitenwagenmaschinen.

Die ab April 1928 geltende Führerschein- und Steuerfreiheit für Motorräder unter 200 ccm Hubraum bewog die Bayerischen Motoren Werke, auch in dieser Klasse ein Modell anzubieten, das war die 1931 erschienene BMW R2. Mit 15.207 Stück brachte es die R2 auf die bisher erfolgreichste Baureihe. Besondere Hervorhebung verdient die 1935 präsentierte BMW R12. Sie war ein Zweizylinder-Modell mit 750 ccm Hubraum, wie ihn die R62 von 1928 erstmals aufgewiesen hatte, doch bei der R12 gab es erstmals eine ölgedämpfte Telegabel, die ganz erheblich zum Fahrkomfort beitrug. Die Reichswehr und später die Wehrmacht wählten die

Mit der R24 startete BMW nach dem Zweiten Weltkrieg wieder in die Motorrad-Produktion. Technisch entsprach sie der Vorkriegsmaschine R23. Foto: BMW AG

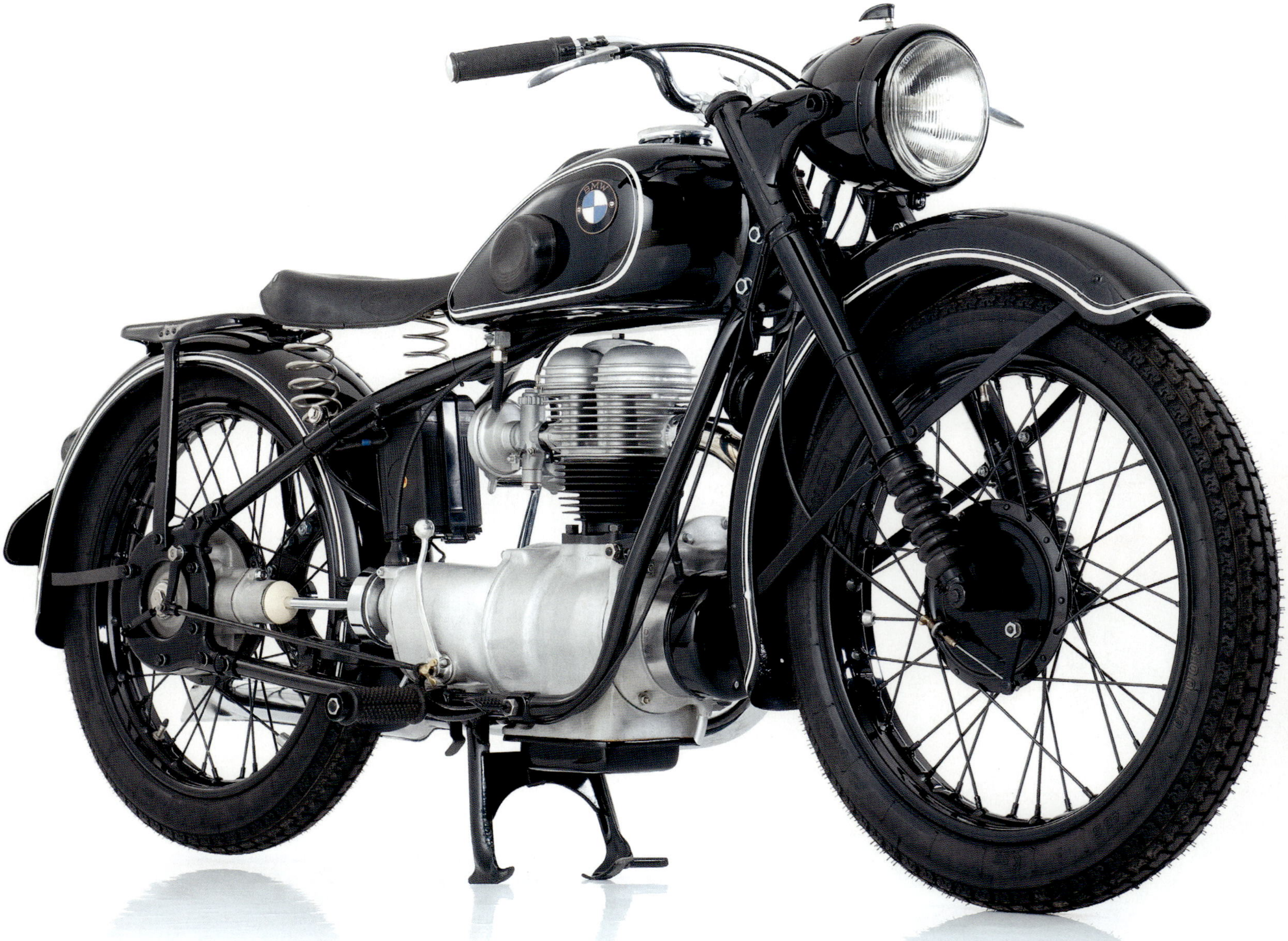

robuste und trotz ihrer bescheidenen 18 PS gespanntaugliche R12 zum Standardmotorrad.

1936 überraschte BMW die Motorradwelt mit einem neuen Zweizylindermodell. Die als Sportmaschine konzipierte BMW R5 hatte einen Doppelschleifenrahmen, der wegweisend auch für nachfolgende Maschinen sein sollte, eine einstellbare Telegabel sowie einen ohv-494-ccm-Motor von 24 PS Leistung. Geschichte schrieb auch die BMW R75, wenngleich in anderer Beziehung. Sie ersetzte beim Militär die R12 und wurde von 1941 bis 1944 gebaut. Als Gespannmaschine verfügte sie über einen innovativen Seitenwagenantrieb samt Differenzialsperre, und das Getriebe wies auch eine Geländeübersetzung sowie einen Rückwärtsgang auf. Die hydraulische Dämpfung der Telegabel wirkte durch ein zweites Ventil im Dämpferrohr in beide Richtungen.

Mit der BMW R24 nahm man in München 1948 die Nachkriegsproduktion wieder auf. Diese 247-ccm-Einzylindermaschine ent-

Die BMW R 51/3 von 1951 hatte einen 500-ccm-Boxermotor mit 24 PS und Kardanantrieb. Sie war eine der wesentlichen BMW-Neuentwicklungen der Nachkriegszeit. Foto: BMW AG

Das Scheinwerfer-Gehäuse einer BMW 51/3 mit integriertem Tacho. Foto: BMW AG

sprach der bereits 1938 vorgestellte R23, bekam aber 1950 als BMW R 25 Hinterradfederung und einen optimierten Motor. Mit den ihr nachfolgenden Ausführungen R25/2 und R25/3 erlangte dieses Motorrad große Popularität und brachte es bis 1956 auf insgesamt 121.770 Stück.

Im Oktober 1951 zeigte BMW auf der IFMA in Frankfurt am Main mit der R68 ein neues Hochleistungsmodell im Stil der Werksmaschine der Internationalen Sechstagefahrt. Eine 160-km/h-Maschine, der die Fachwelt schnell das Prädikat »100-Meilen-Renner« verlieh, denn sie war bei ihrem Serienanlauf im Sommer 1952 das erste deutsche Serienmotorrad, das die 100-Meilen-Grenze (160 km/h) erreichte. Ab Juli 1952 gab es eine verbesserte Vorderradgabel mit Gummimanschetten. Im Januar 1955 wurden auf dem Brüsseler Salon als Nachfolgegeneration neue Vollschwingen-Modelle vorgestellt, deren Fahrwerke wieder das Niveau der Mitbewerber auf dem Weltmarkt erreichten.

Ein Meilenstein war ferner die BMW R50 von 1955. Sie war die erste Maschine mit einem Vollschwingenfahrwerk. Ihr 494-ccm-Motor war identisch mit dem der R51/3 von 1951. Mit 594 ccm gab es parallel dazu die R69 bzw. R60. Ebenso berühmt wurde die 1969 erschienene Strich-Fünf-Baureihe BMW R50/5, R60/5, R75/5. Es

1951 präsentierte BMW mit der R68 einen »100-Meilen-Renner«, das erste deutsche Serienmotorrad, das 160 km/h erreichte. Die Aufnahme von oben veranschaulicht die versetzte Anordnung der Zylinder des Boxer-Motors.

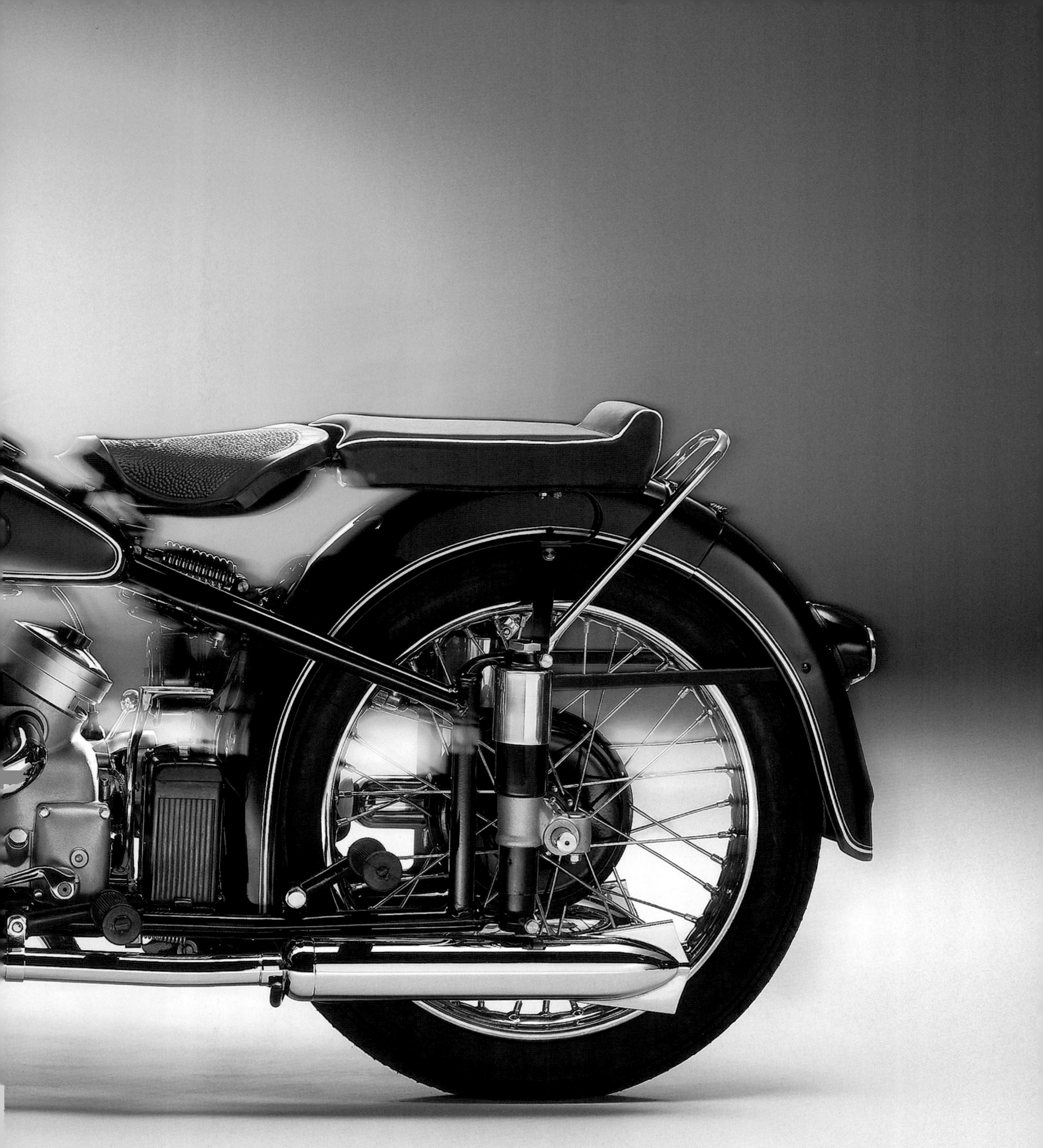

Eine R68 zu fahren blieb seinerzeit aber nur Wenigen vorbehalten: Ein Preis von knapp 4000 DM garantierte die Exklusivität.

Die R90 S war 1973 die erste von Designern gestaltete BMW-Maschine – und geriet somit zum echten Hingucker. Foto: BMW AG

handelte sich um eine komplett neu entwickelte Baureihe mit robustem Gleitlager-Boxermotor (496, 599, 745 ccm), elektrischem Anlasser und einem leichten, aber belastbaren Teleskopgabel-Fahrwerk.

Mit der BMW R90 S erschien 1973 ein Trendsetter, denn dieses 898-ccm-Motorrad stellte nicht nur in technischer Hinsicht ein Optimum dar, sondern war auch die erste BMW, die von Designern gestaltet worden war. Zur 1976 vorgestellten BMW R100 RS war es ein logischer Schritt: sie war das erste vollverkleidete Großserienmotorrad. Trendsetter war auch die BMW R80G/S, die erste Reise-Enduro der Welt.

Im Herbst 1983, genau sechzig Jahre nach Vorstellung der R32, kam die erste BMW mit einem Vierzylinder-Reihenmotor auf den Markt. Die BMW K100/100 RS durfte als Technologieträger gelten. Elektronisch gesteuertes Motormanagement und ab 1988 auch ABS machten diese 987-dohc-Maschine zu einer Sensation. Und die 1989 herausgekommene BMW K1 war das erste Motorrad mit Dreiwege-Katalysator und Motronic.

Die BMW R 100 RS war das erste Motorrad mit serienmäßiger rahmenfester Vollverkleidung. Das Design stammt von Hans A. Muth. Foto: BMW AG

Aufsehen erregte aber auch die BMW F650. Sie war, als sie 1993 vorgestellt wurde, die erste BMW mit einem zugekauften Motor und Kettenantrieb. Eine »echte« BMW aber war ohne Zweifel die 1994 eingeführte BMW R 1100 GS, eine langstreckentaugliche Reise-Enduro mit Vierventilmotor und Telelever-Fahrwerk. Ihr Nachfolger R 1200 GS avancierte zum meistgebauten Motorrad der Welt mit mehr als 500 ccm. Last but not least: die BMW K1600 GT von 2011 mit einem Sechszylinder-Reihenmotor. Die als Langstrecken-Tourer mit bulligem 1,6-Liter-Motor ausgelegte Supertaivmaschine erhielt eine perfekt gestylte Verkleidung, Schlupf-Regelung, ABS, Navigationssystem und sogar eine Klimaanlage...

Die R80 G/S war BMWs Wiedereinstieg in den Geländesport. Die Reise-Enduro mit 797-ccm-Boxermotor (50 PS) und Einarmschwinge siegte 1981, 1983, 1984 und 1985 bei der Rallye Paris-Dakar.
Foto: BMW AG

MICHELIN
BREMBO

Die BMW K100 LT wurde von 1986 bis 1991 in Berlin Spandau gebaut. LT steht für »Luxus-Tourer«. Ihr wassergekühlter Reihen-Vierzylinder (987 ccm) leistet 90 PS. Foto: BMW AG

km/h
RPM x 1000
km
BMW
IGNITION
OFF

Die K1 ist eines der ersten Serienmotorräder mit Vollverkleidung. Der 100 PS starke Supersportler wurde im September 1988 präsentiert. Foto: BMW AG

HEIDENAU
M+S

Aufsehen erregte die BMW F650: Sie war, als sie 1993 vorgestellt wurde, die erste BMW mit zugekauftem Motor und Kettenantrieb. Foto: BMW AG

Das Naked-Bike BMW R nineT wurde 2013 anlässlich des 90-jährigen Bestehens der Motorradsparte im BMW-Museum in München vorgestellt. Die Bilder zeigen das limitierte Sondermodell BMW 1200 R nineT Scrambler »La Vaillante«.

LIEBHABERSTÜCK: BMW R nineT

Mit dem Motorrad R nineT präsentierte BMW eine Maschine nach Art britischer Klassiker der frühen Fünfziger Jahre, ein »naked bike«. also unverkleidet. Die Vorstellung fand im BMW-Museum, München, am 16. Oktober 2013 anlässlich des 90-jährigen Bestehens der 1923 gegründeten Motorradsparte statt; die Produktion startete im Werk Berlin Anfang Dezember 2013. BMW kategorisiert und vermarktet das Motorrad unter der Bezeichnung »Roadster«. Und der BMW-Chefdesigner Edgar Heinrich bezeichnete das Motorrad als »moderne Interpretation eines klassischen Konzepts«.

In der Werbung setzte BMW auf Emotionen: »Motorradfahren als Zeichen purer Freiheit: Landschaft, Kurven, Geraden. Jeder Meter zählt. Das ist genau Dein Weg. Die R nineT ist dafür die perfekte Begleitung und kennt kaum Grenzen, wenn es um Deine Selbst-

13

Das Sondermodell, das 2019 von BMW Frankreich in einer Kleinserie von nur 13 Stück aufgelegt wurde, ist inspiriert von den Comic-Abenteuern um den fiktiven Rennfahrer Michel Vaillant.

Während der Held im Comic mit einer BMW durch Macau jagt, hat das Team von René Staud die Maschine in den Bergen und im Studio abgelichtet.

verwirklichung geht – auch dank ihrer unzähligen Möglichkeiten zur Individualisierung...«

In ihrem Design hat man die R nineT auf das technisch Notwenige reduziert und doch, wie BMW sagt, »ein Motorradvoll unverkennbarer Präsenz... die Maschine verkörpert Leidenschaft und Innovation aus über 90 Jahren Motorradbau.«

Die klassischen BMW Motorradproportionen werden akzentuiert durch den bewährten Boxermotor, einen kompakten Tank, ein schlankes Heck. Alle Materialien sind hochwertig alle die Oberflächen sorgsam veredelt. Man erkennt die Liebe zum Detail und die für den BMW-Motorradbau typische Handwerkskunst. So ist zum Beispiel der vordere Kotflügel über zwei geschmiedete Halterungen mit den Gabelfüßen verschraubt, und die Scheinwerferhalterung besteht aus Aluminium.

Der luft- und ölgekühlte Zweizylinder-Quermotor wurde nahezu unverändert aus der R 1200 R übernommen und leistet 110 PS. Er hat einen Hubraum von 1170 ccm, der aus einer Bohrung von 101 mm und einem Hub von 73 mm resultiert. Die Ventile werden über drehzahlfeste Schlepphebel von zwei kettengetriebenen Nockenwellen (dohc) angesteuert. Eine zentrale Ausgleichswelle kompensiert Massenmomente erster Ordnung, die zu Motorvibra-

13

Die Startnummer 13 weist auf die begrenzte Stückzahl der limitierten Edition hin. Die Farben Blau, Weiß und Rot verweisen auf den fiktiven französischen Rennstall »Vaillante«.

Im Studio inszeniert mit farbigen Leuchtstoffröhren in Form des Vaillante-Logos wird die Stimmung der beliebten Rennfahrer-Comics greifbar.

Nachdem die Macher des Comics für eine der Episoden eine R nineT Scrambler ausgewählt hatten, revanchierte sich BMW Frankreich mit dem echten Sondermodell.

tionen führen und aus dem seitlichen Versatz der Zylinder resultieren.

Wie noch jedes Motorrad der Marke BMW ist auch die R nineT ein Liebhaberobjekt ersten Ranges und fasziniert durch die Harmonie von Design und Technik, Leistung und hohem Gebrauchsnutzen.

BMW

Auf dem Tank prangt der Vaillante-Schriftzug, ganz so, als gäbe es den Rennstall.

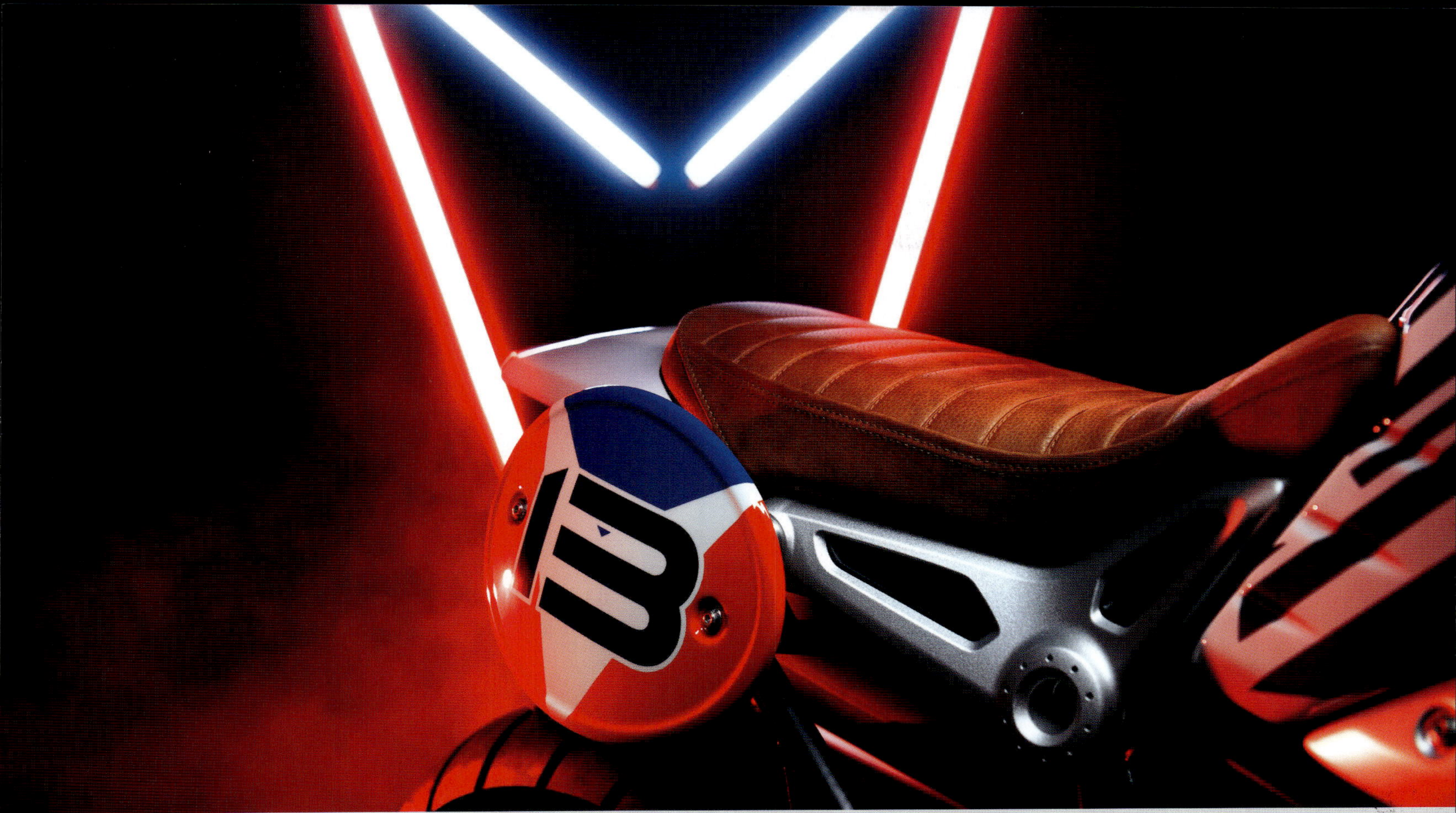

Die 13 Fahrzeuge der Sonderedition sind durchnummeriert – so ist jede ein Unikat.

Die Lichtreflexe im Helmvisier sprechen ganz die dynamische Bildsprache der Michel-Vaillant-Comics.

Vaillante

MotorKlassik

DER NEUE RATGEBER ZUM KAUF ALTER AUTOS

Der Kauf-Ratgeber für Young- und Oldtimer.

www.motor-klassik.de

Kult. Klassik. Kaufberatung.

Den aktuellen Motor Klassik Kauf-Ratgeber für Einsteiger gibt es für 10,90 Euro im Handel oder hier:

+49 (0) 781 639-6659 | motorklassik@burdadirect.de | motor-klassik.de/spezial

Jedes Auto hat seine Geschichte.